麦 加◎主编

Reading

Men and women mind~

读心术

不可思议的男女

BUKESIYI
DE
NANNV
DUXINSHU

百花洲文艺出版社
BAIHUAZHOU LITERATURE AND ART PRESS

前言

　　小陈和玛莉约会快半年了，后来他才发现玛莉早就与阿德订婚了，于是他找到玛莉抗议——

　　"我说玛莉呀，你既然跟阿德已经订婚了，为什么还找我约会呢？还要和我一起吃饭、一起看午夜场的电影，以及让我拥抱又亲吻呢？"

　　"是啊！人家这样做是有原因的！"

　　"什么原因？"

　　"不这样做，人家怎么知道阿德的真心呢？"

　　"……"

不懂人心，怎么与人相处？

人与人之间的交流，就是必须靠心与心之间相通。

虽然你长得漂亮，但在交友方面却老是以"失败"收场，到底是发生了什么问题，自己也百思不解？明明你的条件比对方好，而对方却还是不愿和你交朋友……你是不是因此而苦恼着！

从古至今，人心就一直是被研究的对象，而能破译人心的人，就能出人头地、高人一等，早期我们称之为谋略家，现代人叫他为心理学家，称谓不同，研究的事物却是不变的——人心。

所以，愈是懂人性心理的人，不管是在职场或是在情场，总是会春风得意、左右逢源，而不懂人性心理的人，因为不了解对方，老是话不投机、别别扭扭，虽长得一表人才，搞到后来却变成别人眼中的"讨厌鬼"，这种人绝大多数是无法理解别人、掌握对方的心，即使交了女朋友，也会三天吵次架、五天翻次脸，水火不容而陷入冷战，最后不得不分手……

在本书中，我们为你解读男人的心与女人的心，还告诉肢体语言的奥秘与男女间会话的背后，代表着什么意义?

　　只消用很简短的时间，你就可以马上学习到心理学的小窍门，也可以让你立即派上用场，用它去征服你未来的世界吧！祝福男人与女人！

目录
CONTENTS

第一章　男人的字典怎么读？男人为什么会死要
　　　　面子？

　　"男人心"的判读方法——男人的字典/3

　　女性不了解——男人到底在想什么！/28

　　男人的执着——要更强！要更大！/39

第二章　女人的字典怎么读？女人为什么喜欢说谎？

　　"女人心"的判读方法/53

　　男人无法理解的女人为什么会这么想！/78

　　女人的执着——她要更美丽、更优雅！/96

第三章　让我们来玩这些游戏……这时，就可以
　　　　看出些许端倪了

　　［A］因为看不出来，才更想一探究竟！/115

　　［B］本来看不出的事，竟突然能看到了！/122

　　［C］窥见不可思议的自己！/129

［D］更进一步看清独处时的自己/142

［E］和看到的不一样！/148

第四章　肢体语言代表的信息　解读微妙心理的动作……

喜怒哀乐的心理——请注意这个动作、这个举止/159

习性的心理——小动作中隐藏些什么呢？/171

眼部的心理——人的眼睛会说话/177

肢体语言——产生好印象的真正情景/186

第五章　男女之间的会话　说出这些话会引起怎样的反应呢？

语言的神奇——解读对方心思，然后打动他的心/205

说话的技巧——真相和虚构、你想知道哪一个呢？/226

男人、女人的本意——如何真正了解他（她）/238

第一章
男人的字典怎么读？
男人为什么会死要面子？

"男人心"的判读方法——男人的字典

——男人为什么会"见异思迁"？

曾经有人说："见异思迁"简直就是男性的——"专利"。

有句话说，"英雄本色"——这句话是在比喻因为英雄人物浑身充满精力，所以特别好女色。因此，就产生了那些"见异思迁是男人本能"的这么一个美丽的借口。

然而事实上，即使不是英雄，只要是男人也都会见异思迁，所以见异思迁当然不能说是英雄的专利，而是只要是男人，看见了女人，尤其是美丽的女人，大都会蠢蠢欲动……

　　结了婚还对妻子以外的女性有性方面的想法是为什么呢?

　　首先,第一个理由就是因为和妻子处不来,尤其在性生活方面对方别别扭扭,自己老是无法一展长才,感觉上很受伤、很失落,所以对其他的女性会色迷迷的,目的当然是想和对方上床,这种大概是不得已的见异思迁吧?

　　第二种情况就是男方有恋母情结,他不把妻子当成是女性来看待,而是一直把她看成是母亲的替身。因此,他会主观地认定,就好像自己见异思迁,自己的母亲定会允许那般,妻子应该也会允许自己的见异思迁才对。

　　也许,有恋母情结的男性,会觉得和代理母亲角色的妻子发生关系有罪恶感,因此他才会和其他的女性发生关系也说不定。

　　"恋母情结"一词是由心理分析家荣格所提出的。所谓的恋母情结就是一辈子永远无法离开母亲、依赖着母亲、服从母亲的这种心理。有恋母情结的男性，因为在孝顺这方面十足是个好孩子，所以对他的妻子而言，为此状况感到困扰是理所当然的事。

第三种见异思迁的类型，就是他们认为应该还有比妻子更好的女性才对，所以总是不断地在搜寻女性、见一个爱一个。"结婚是恋爱的坟墓"，有这种悲观思想的男性，他们内心深处会羡慕、期望着：是不是还有其他更特别的爱情生活方式呢？

在那些一直不断见异思迁的男性之中，不就有一些陷入了青鸟症候群的人吗？也不是对妻子有所不满，也不是说外遇对象的女性特别有魅力，但他就是会不由自主地到处寻找"青鸟"。

这种情况的男人，因为他的见异思迁没有任何的目标，也没有什么前瞻性，所以不久后他还是会回到妻子身边。就好像吉吉和米琪在一身疲累后回到家中，才发现自己寻找的青鸟，就在自己家中的鸟笼里的情形是一样的。

——男人为何想要虚张声势呢？

会打牌的人，都知道"虚张声势"这句话，尤其是赌梭哈的时候，尽管你手上的牌烂得一塌糊涂，可只要你胆子够大，钞票也足，这样你还是可以唬住对方而成为赢家！

虚张声势说穿了就是唬人，也就是要让别人感觉我们自己很强大的意思，就一般而言，男人想要获得他人的认同，想要获得他人爱戴与尊重的企图心，往往十分强烈，这就是心理学者所谓的"想得到社会认同的欲求"。

换一句话说，即是想要变成世人所期待的那种人的典型，如上司所期待的部属，爱人所期待的情人，家人所期待的进取者，邻人眼中的有前途的年轻人等等。

然而立足社会，强中自有强中手，也许你无法完全得到社会的认同，因此你会产生不满足，男人就会开始扮演装腔作势的夸大角色，而博取周围人的好感。

在约会的时候，尽管口袋里的钞票实在很不争气，但女朋友却在那套洋装的橱窗前站了好久，于是……

"喜欢的话，就进去试穿一下呀！"

"可以吗？"

"当然可以……"

就这样，试穿起来果然很合身，可她看到了标价之后……

"哎呀！不行！"

"怎么了！？"

她轻轻地在你耳边，吐出芬芳的气息说："好贵耶！"

"没问题，我送你！"

男人大方地说着，跑到柜台去，拿出了信用卡……内心却有个声音在呐喊着——这下子本月份才刚还完的分期付款，又要重新开始了……

再者，强烈地想要受社会认同的人，有下列的特征：(1)他很容易服从他人、与他人步调一致；(2)他很容易被说服；(3)他对人的防卫之心很薄弱；(4)他对自己的评价很低。

我们可以说胡乱虚张声势的男人，其结局就是成为一个没有自信、容易被他人之言行举止所左右的人。当一个人在装腔作势的时候，就是他充满自信，想成为一个真正男人的时候。

——男人为何对面子如此执著？

在第一次世界大战期间，由牛津大学和剑桥大学毕业的贵族子弟们，全部都志愿从军。在军队之中，他们为鼓舞、激励士气，带来了正面的效果。

有一个士官在从西部战线的壕沟中向外突击之时，拿了一个足球，高高地向敌方的阵营踢去。就在这同时，他大声地喊着"杀——"身先士卒，第一个向敌军的阵营冲去。

当年英国贵族这种"位高则责重"的精神，是由"担心自己被拒绝"的心态培育出来的。其实，他们是因为一直在意"他人对自己的行动是如何看待的呢？"

的这种社会评价，才会产生行动的动机。

曾经有过一个实验，以刚刚完成基础训练的美国招募士兵为对象，对他们进行电击之忍受力的调查。结果得知，在只有单独一个人与大家一起接受电击的情况下，群体中的实验对象可以忍受更强、更大的电击。

参加这个实验的士兵们都被教育成可以"直接面对、正视危机，或是困难时的勇气及沉着是最要紧的"。这就是他们死撑着男性的面子，在同伴前面可以忍受更强大电击的原因。

在当时，贵族出身之士官的死伤率，明显地高出许多，这一点让英国政府当局着实感到讶异。士官们因为有着要守卫自己的社会地位，不想破坏自己男性尊严的意识，所以不得不率先地由战壕里冲出、向敌军的阵营奔去。

位高则责任重大的这种精神虽然造就了勇敢的行动，但男人为了面子与尊严也让死伤率，大大地提高了。

为什么男人如此好面子呢？男性对与自己相似之

人做比较、或被与自己相似之人做评价的这档事特别敏感。换句话说，因为他们十分在意在社会中的评价，所以他们会采取好像在树立自己尊严、维护自己面子的行动。

只要男性的尊严可以维护，"就算死也无妨"、"生活破坏殆尽也没关系"——甚至有男性有着这样的想法。也有很多人把这认为是"男性的美学"。正因为如此，男人才会如此执著于颜面。

——渴望"男人当家"的男人心态

"男人当家"这一词，在现今这个时代几乎已经不再适用了。也许是由于男人变弱了，也许是因为女人变强了，又或者这两样都是原因。

然而近来，丈夫一副支配者姿态，只不过是狐假虎威、装腔作势罢了。我想向你介绍一下这个假象。

由马里亚纳基地起飞的B29轰炸机大队向日本本土空袭，指挥这次作战的是李梅。据说李梅后来培育了美国的战略空军部队（SAC）。

在空袭日本本土时，他要士兵们把机关枪等重物全部卸下，在轰炸机内装满炸弹出击。然而第一架飞机、第二架飞机全都起飞失败，因为它的机身过重了。

因此，第三架飞机的驾驶员拒绝了起飞的命令。这时，李梅跑到驾驶座旁，把拒绝起飞的驾驶员拖下了飞机，自己握着操纵杆升空。

结果，B29战机漂亮地起飞升空了。在这架战机起飞后，所有的329都一一地起飞成功，这就是让日本受创甚深的大空袭的起始经过。

观察他人行为，模仿、参考这行为，而形成新行为的过程，我们称之为"观察学习"。观察学习的过程，我们称之为"仿效范列"。

人类随着仿效范例而一边模仿他人的行为，一边看到他人因为此行为而得到报酬的这个事实，然后就会想要采取同样的行动。

自己行为成为他人参考对象的人就是范本。范本自身的社会地位崇高，范本对观察者（模仿他人行为的人）而言，愈是温柔和蔼，观察学习就愈能够顺利地进行。

李梅自己手握着操控杆成功地起飞。跟在后面看到这一幕的驾驶员们，以李梅的行为做为范例，让自己驾驶的飞机也漂漂亮亮地起飞了。这是率先示范的一个正面实例。

李梅是驾驶员们的总司令官，也是值得信赖的长官。除此之外，李梅完美漂亮的起飞成功，也受到了大大的喝彩欢呼。这欢呼喝彩变成了奖励行动的一种报酬。因此，部下产生了观察学习的行为。

说起来，李梅对部下就是"由我当家"的这种姿态。但是，他不是用命令、用斥责来表现。身为观察学习的范例，他昭示"由他当家"这姿态的方式是很合适的。如果李梅只是一个胡乱装腔作势的长官，那这场作战的最终结果，大概就完全不一样了吧！

今天的男人如果老是装成一副"一切由我做主"的模样，现代的女性也不会吃他那一套了。但如果是像李梅那样，以身作则，让女性由衷地感动，而成为她观察学习之对象的这种男性，很自然而然地，他应该就可以主导一切了。

世上的男性都想要主导一切、由自己做主。然而多数的男性一结婚之后，别提什么男人当家了，根本就变得被太太压得死死的。男人当家这宝座，不是任何一个男人都可以得到的特权，唯有做事积极、有男子气概的男性，才可以手到擒来的。

——男人总是想当超人

一九三八年在DC漫画社的漫画杂志上问世的超人，也已经七十几岁了。在克里普顿星球上出生的世界级英雄，至今仍维持着极大的人气。

超人出生的一九四〇年代，是以美国为中心、全世界恐慌不安的年代。

虽然平时是一个普通平凡的新闻记者，但是一旦有事发生，他就是一个敢与恶势力对抗、拯救世人于危难的大英雄——Super Man。

　　对强大的男人、责任感强的男人，他们的心中都会有憧憬，不管是在什么时代、不管是属于哪一个年龄层，每个国家都会有的现象。像足球界的英雄人物，早期巴西的贝利与现在英国的贝克汉姆，他们大受欢迎的背景，就是这些人物在肉体或是精神方面都很坚强，或者是说有很强的责任感。

　　为何人们会对这一类的男子们憧憬不已、心怀敬爱呢？回答这个问题的一个提示，就是精神分析学者弗洛伊德最初明确指出的"自卫调节"概念。

　　人在想要从某种挫败之中脱身而出的时候，这种反应应该会遭到社会的责难。因为如此，他会勉强地想要抑制自己，结果痛苦、苦恼也就越发的加深。想要解决消除这种烦恼、想要保护自己的适应方法，就是自卫调节。

　　在自卫调节之中，有一种叫做"同一化"（立场仿拟）的心理。所谓的"同一化"，就是把他人的某一面、某些特性、甚至全部应用在自己心中，如此一来，自己就会和对方具有十分相似的心理。

一直为自己力量、能力怎么也无法提升的现状苦恼不已的男性们，借由和超人的同一化行为，来忘记自己无能的样子。当时社会的黑暗、经济大萧条以及生活的困苦，促使了更多数的男性产生这种同一化的行为。

憧憬体坛或是影艺界里的大明星，醉心于大政治家、金融界大人物的人，就是为了由和拥有自己欠缺能力的个人同一化（立场仿拟）的行为，来补足自己本身的无能。

所谓会掌握人心的人，就是那些拥有可以让多数人把自己当成同一化之对象的人。相反的，一旦身处于混乱不安的时代，男性们就会变得期望那个让人强烈地想到与之同一化的领导者出现。

——男人用私人领域来显示自己的权威

办公室是人类私人领域的指标之一。办公室大，表示私人领域强大。因此，可以独占大间华丽之办公室的男人，就意味着他拥有强大的权力，就表示着他的身份地位崇高。

美国总统的办公室，据说是在一八一五年，由班哲明·拉多洛夫所设计，是一个椭圆形状的房间。在房间的角落，摆放着由维多利亚女王寄赠的桌子。在这间办公室里，美国总统的权力威信，都具体地被显示出来了。

一九八一年，总统府的外墙才被改涂成白色，这也是"白宫"的由来。美国总统林肯的椭圆形状办公室，室内放置的二套沙发以及有把手的椅子，也都用白色的椅罩，整个房间都改换成了白色的色调。

在一般的公司或是事务所里，也有一些为地位崇高的人准备的办公室。除此外，地位愈高者的办公室愈大，早已是司空见惯的事。

就单人使用而言，略嫌过大的办公室，超大的华丽坐椅啦、办公桌啦，都是显示个人领域象征的具体指标。这个私人领域的指标，明确地为组织中的等级做了排序，清楚地展示了这个空间所有者的威势。

男人拥有"我是一个成功者"这种实质感觉的时刻，

可以说是在他一人独占大间办公室、坐在超大豪华椅子上的那一瞬间。难怪男人会为了那一瞬间的充实感，而投身于这种出人头地的游戏之中，并且乐此不疲……

——有强烈支配欲的男性心理

听说希特勒在青年的时候，每当进入咖啡馆时，大部分都会喜欢坐在"可以看见客人出入、可以环视店内环境的位置。"这是可以看出希特勒拥有强烈支配欲的一段小典故。

支配欲和领域能力有很深远的关系。比如说我们知道这么一个说法：在四角的桌位上面对面坐着谈话的场合，在人数较少的那一边的那些人，就是容易变成领导者的一方。

有一个实验是这样的：让第一次见面的五个人在桌边进行对话。在桌边的两侧，分别放置三张椅子，分成二人和三人，一起面对面地谈话。

在讨论结束之后，向参加讨论的全体成员询问：

"谁是实际上主导讨论进行的领导者呢？"结果认为两个人坐在一起的这一方居领导地位的人，要比认为三个人坐在的一方居领导地位的人，要高出两倍以上。

想要支配他人的男性，会确保自己是坐在可以仔细地看清楚他人的位置上。因为坐在少数人的这一边可以清楚地看见其他人的样子，所以当然能够轻易地掌握到领导权。

希特勒在咖啡馆里喜欢坐的位置，是容易发挥领导能力的座位，也是容易监视他人行动的座位。男性支配欲的强弱与否，看他在咖啡馆选择的偏好的座位就可以知道。根据在咖啡馆里进行的调查得知，约有百分之八十的人，喜欢坐在靠墙角、不太显眼的座位。相反的，想坐在引起他人注目之位置的男性，就表示他是一个支配欲十分强烈的人。

——男人忽然穿起西装时

"你今天怎么了？穿得那么正式！"老婆一脸诧异

地说道。一直以来都是不修边幅穿着牛仔裤T恤休闲服的他，怎么会突然改变了，是不是外面有女人了？

正所谓"人要衣装、佛要金装"，就算是同一个人，只要服装一有改变，他人对你的态度，也会一改常态，这是大家都知道的道理。

举个例子来说明，比如这条街都没有公用厕所，要上洗手间必须向私人商店借用，结果穿西装的人士，大都能如愿以偿，而穿得不整齐的人，往往会碰壁，人们会以各种理由来拒绝他。

用一个女人做例子。一个穿着十分优雅的女性，在马路的停车位旁，困惑地站在车旁（因为她不会倒车进空间很小的停车位），这时保证会有不止一个男人，会下车来帮助她。反之如果是一个邋遢的女人在车旁，当然所有的车子都会扬长而去……

此外，当马路上行人通行的交通信号亮红灯的时候，打着领带、西装笔挺的男性，和身穿工作服的男性两种状况相比较，前者无视信号灯存在，继续横越马路的行为，影响了他人，让他人也跟着迈出步伐的情况，以及所影响到的人数，也要比后者来得多。

从这些例子我们可以得知，男性的领带和西装，会给予他人值得信赖的感觉，也会让自己产生社会性的权威感。

男性穿着西装的这个行为，就是想受到女性欢迎，觉得自己是"值得信赖的男人"或"有威严的男人"。在约会时，如果他出现了与平常很随性的打扮不同时，也许他是准备向你求婚了……

——男人喜欢美女的四个理由

为什么美女会受人喜欢呢？虽然，这或许是一个很愚蠢的问题，但美国的心理学家巴谢得和沃斯特举出了下列四个理由——

第一，我们一直被教育应该要喜爱美女。比方说，在电影或是电视剧中被人喜爱的人，不论哪一部戏哪一个角色都是美女。也就是说，美人是恋爱的必要条件。

因此，只要一看见美女，也没有什么特别的理由，就是会喜欢她。

第二，和美女在一起，可以对他人产生光环作用。比方说我们知道和长得漂亮的女友走在一起的男性，会比较容易得到他人善意的评价。正因为这样，所以很多男性都变得喜欢美女。

第三，美女并不是说只有身体方面的魅力而已，她们容易给他人性格明朗，智商、能力卓越的感觉。于是，因为借由光环效果所产生的立体效果发生了作用，所以美人也就容易得到他人的喜爱——这也是美女受人喜爱的主要理由。

第四，只要看到美人就让人感觉舒服。换言之，因为美女满足了人们追求完美的天性，所以难怪任谁都会喜爱她。

——男人想要和美女走在一起的原因

前阵子有个类似八卦的新闻，那就是花花公子的老爹、八十几岁的海夫纳一个糟老头，却和一个二十几岁的女人结婚，虽然对方临阵脱逃了，但他马上又有了新目标。一个很富有的男人，有一大群的比基尼泳装美女在旁边伺候，一起在游泳池畔嬉戏。虽然说"英雄本色"，但为什么成功者（或富人）的周边，都聚集着美女呢？

有一个心理测验是这样的，从介绍有女友相伴在旁的男性朋友过程中，来看看各个男性彼此对对方的评价如何。结果得知，有充满魅力之女友相伴在旁的男性，所得到的评价是人品优秀，别人对他也会比较有好感。

甚至，当要求每一个男性预先猜想一下"自己会得到他人怎样的评价"的时候，拥有充满魅力的女性相伴的男性，往往都会认为自己所得到的评价会比较高。

换言之，我们可以知道，将美女追到手的男性，会得到他人比较高的评价。而且我们也可以得知，将美女追到手的男性，大多拥有自己会受到他人高度评价的这种自信。

大人物的女秘书清一色都是美人，在秘书室内大多都是女性秘书。在选举期间，在候选人或是宣传车的四周，都站着气质清新的美女。不管哪一种都是借由美女相伴来提高当事人评价的作战策略。

当和她肩并肩走路的时候，他不是都会看一看对方的女伴吗？与其说对对方女伴抱持着兴趣，倒不如说他是借由这个女性来估量与她同行之男性的价值。这就是男人的常见习性。

——男人面对美女的复杂心理

我为了等人而站在街边角落的那些时候，观察了从我身边通过的人们，结果一经观察，我意外地发现了一个现象。有些人会以几乎要碰触到的近距离，从我身边走过，有些人则好像绕远路那般地经过我的附近。在拥挤的人群擦身而过的时候，也会有同样的经验。

有一项研究是针对这种分析通过行人之行动所做的。这项实验定了三种状况：一是一个好像在等人的单独女性（或者是男性）站在人行道上，二是一个站着谈话的男性，三是一对站着说话的男女，以上面这三种操纵因素来观察由附近通过之行人的行动。

结果我们得知，虽同样是站立在人行道上，但和男性的场合比较起来，单独一人之女性的场合，行人会以较近的距离从她身边通过。另外，和一个人站立在人行道上比较起来，两个人站立在人行道上的场合里，行人会从离他们较远的地方，通行而过。

再者，当单独伫立街头的女性，是一个很有魅力的美女时，经此实验，我们发现通过的行人，大多会绕较远的距离从她身边经过。

从通过的行人经过女性时会从较近的距离经过的这个结果，我们可以知道女性的Personal·Space（人和人之间的距离）。同样地，我们也可以由此得知女性的接近空间较大。

此外，从通过的行人在面对有魅力的女性时，会选较远的距离绕路而过的这种情形，我们可以了解到人们会为美女预留较大的私人空间。

就如同我们知道权威会使他人回避一般，我们可以想成魅力和美丽也拥有让人回避的力量。当和名人或是美丽的女演员偶然相遇时,人们会不自觉地在远处停下脚步。虽然应该没有什么不可以靠近的理由,但就是无法靠美女太近,由这种现象看来,难怪美女确实拥有令人不可思议的力量。

——为何男性会想偷窃女性的内衣?

社会新闻中,我们常会看到男人因为偷窃女性的内衣而遭到逮捕。在报纸、杂志上,都刊载了犯人家中衣橱塞满了胸罩及女性内裤的照片。

虽然家中遭小偷侵入,但现金却分毫未失,只有女性的内衣被偷,这一类的事也是时有耳闻的。女性的内衣裤要比金钱更有价值——有这种想法之男性的心理,到底是怎样的呢?

只对女性的内衣裤产生性欲的心态,是恋物癖的一种。所谓的恋物癖,就是从脚部、手部、头发等身体的一部分,长筒袜、内衣裤、手帕等等衣物、有特殊香味或是贴身的物件,得到性满足的一种错乱、变态。

　　日本的男人，有一阵子不是很着迷于所谓的原味内衣吗？即是将女人所穿过的内衣裤，不清洗保留其体味或体液，明码标价地公然贩售，听说著名的AV女优之内衣，还要竞标才能以高价买到呢！

　　选择女性内衣裤的恋物癖男性，被认为是一种性方面的错乱状态。因为他们无法从和一般女性的性关系中得到满足，所以他们偷取女性的内衣裤放在衣橱里，偶尔将这些内衣裤取出，以满足他们性方面的欲求。

　　偷内衣裤也有代偿行动的意味存在。当某一目的无法达到之时，人们会定下一个和最初之目的最可能近似的目标，借由完成这个目标，来得到补偿代替性的满足。这就是所谓的代偿行动。当新定的目标和原始的目标愈近似，这种从代偿行动中得到的满足感（我们称之为代偿价值）也就会越高。

　　当无法和喜爱的女性拥有性方面的关系时，男性会看色情杂志中的女人裸体照片、看AV电影，再以自慰的方式加以解决，或者是依情况的不同和其他的女性发生关系。而得到的代偿也按着这个顺序渐渐增加。代偿行为因人而异，大概也有人采取紧抱女性衣物这类的行为来做代偿吧！

当某些男性无法从照片或是电影之中得到满足，也没有自慰的勇气、也没有性伴侣的时候，偷女性内衣裤可以说是他们万不得已、被逼到走投无路时所采取的代偿行动，但是这种行动往往演变成一种变态的人格发展。

女性不了解——男人到底在想什么！

——男性助人一臂之力的时候

正常人会一直抱持着这样的信念——在我们居住的社会之中，做好事的人会得到幸福，而做坏事的人一定会得到报应。

一般而言，我们对于自己周边发生的种种事件，都会用这个社会主流信念的方向，来予以解释。

有一个实验证明人们在看到接受电击而感到痛楚的人时，随着受苦之人的情况不同，他们对此人的评价也会有不一样的变化。

在这个实验之中，当接受评价的时候，此人被告知"实验中某些人在演出痛苦的表情，某些人真的受到电击而感到痛楚，以及某些人接受现金的酬劳而参与实验。"

结果我们得知，真的受到电击的人，和演戏做假的人及收到现金报酬的人比较起来，前者反而得到比较不好的评价。

这一结果一反常理。当人看到他人没有缘由地身处不幸之时（实际上真的受到电击的人），他们心中对世界是公平的这个信念会因而动摇。因此，他们会借由把这个牺牲者看做是没有魅力之人，来守卫存在于自己心中的信念。

在面前提到的心理实验之中，如果对象是——"因为受到电击而真的感受到痛楚的女性"时，其所得到的好意评价并不佳。然而，相反的，如果看到自己喜欢的女性正在受苦时的样子，男性又会有怎样的想法呢？

他们一定会认为"怎么可以有如此不公平的世界"，一边责骂实验者、一边叫实验停止进行。但当感觉到自己认为的公平世界受到威胁之时，男性就会挺身而出、助其一臂之力。

　　——不可思议的好感——"男人的友情"？

　　一旦甲喜欢乙，或者甲给乙高度的评价之时，乙也会变得喜欢甲。相反的，一旦甲讨厌乙，或是给予不好的评价时，结果当然就会不同。这就是我们所谓的"好感之回报性"的现象。

　　好感之回报性的心理结构，我们用点理论来举例说明之。人类与生俱来就有希望能提高自我评价的欲求，这一种欲求会借由他人对自己抱持着善意好感，给自己较好的正面评价，也就是借由他人的认同而得到满足。

　　特别是对自己缺乏自信，对自身的存在价值有不安定之感的人，会因为从他人那儿得到肯定的评价而觉得满足，相反的，他们会因为来自他人的否定评价而变得欲求不满。

　　也就是说，因为对自己表现出善意、好感的人，满足了自己的自尊心，所以当然也就会容易喜欢他。

例如，开始对自己的言行举止失去自信的甲，因为受到了乙诚挚、殷勤的对待，而使得自尊心获得满足。因此，甲对让自己自尊心得到满足的乙，就自然心生好感了。所谓"患难见真情"，在某种意义上是因为对方让他重新产生了自信。

男人的友情，从考虑对方立场、释放出善意、好感的那一刻开始。虽然说一旦男性的自尊性被伤害，友情也就会因而决裂，但相反的，一旦让对方的自信心得到满足，你和他之间也就可以萌生出强烈的友情了。

——自我坦诚的效应

美国历届总统们会借着自己的平易近人，来给他人一种亲民、人性化的印象。林肯在选举期间使用"我和大部分的美国人一样，都是在贫穷的环境中长大的"这种强调平民性的策略，而这种传统，就是源自于此。

其中，听说有过这么一件事：有一位总统向来见他的访客拉起了自己的衬衫，给他看自己动盲肠手术时留下的伤口。说自己是在贫穷环境中长大，或是让他人看平常不会让他人看的伤口的这些举止，大概是因为有着某些效用的存在吧！

自己本身的事直接地向他人传达出来的这种行为被称为自我坦诚。向他人诉说自己的出身、给他人看自己的伤口，都是自我坦诚的一种。

自我坦诚是有阶段性的。在面对第一次见面的对方时，我们用传递名片、自我介绍、告知自己姓名，以及所属单位等等行为来自我坦诚。

随着关系日渐亲密，自我坦诚也就会更深入一层。

和兴趣以及工作方面的问题等等比较起来，在性格、身体、金钱相关方面的自我坦诚，是较不容易做到的。所以，在说不得罪他人的谈话时，兴趣或工作等等都是比较容易聊得开的话题。

像前面提到的，让他人看自己身体上之伤口的这种举止，是自我坦诚中比较困难的部分。因为特意地展现自己伤口的这种行为，在自我坦诚中来说，对提高亲切感有着巨大的效用。

一旦一方自我坦诚,听的一方就会做出对方对自己抱持着信赖和亲切感的这种判断。自我坦诚有其相互性,自己也会配合着对方自我坦诚的程度,来向对方坦诚自己。这就是互惠性的原则。

换言之,在彼此相互反复地自我坦诚的过程里,愈渐亲密乃是理所当然的事。

很多男人认为出手阔绰的人,会比较容易受到女性的欢迎,可现实真的是如此吗?

——自我评价的提升

有这么一个心理实验。方法是雇请女大学生做书籍校正的工作,但在正式从事校正之前,要求她们要先试做一个样本,至于试校样本酬劳的高低,则让本人自行决定。

得知酬劳自定一事的实验者,有一半的人被告知:"将可得到如其要求的钱数"。剩下的另一半人则被告知:"所得酬劳将是其要求的双倍"。

　　结果试校的工作结束后，得到不同报酬的人，分别有怎样的表现呢？

　　答案是得到酬劳比自己预期还要高的人，她们把校正的工作看得很重要，一本正经地去做，比起只得到个人期望酬劳的那一组人，更多找出百分之十四的错字。

　　进一步来说，得到期待以上酬劳的人，他们不只会感到"自己的工作很有价值"，还会觉得自己在这一方面令人信赖，于是对自我的评价也将大幅地提升。

　　受到丰厚报酬的人，心中一定能体会到自己被对方赏识的踏实感，及从事相对丰厚酬劳工作的满足感。

　　约会的时候，相偕至高级饭店用餐、赠送价昂的项链珠宝当做礼物，在女方的眼里，很可能会想说："以他的财力（薪水）而言，这样做一定是很勉强的吧！？"

　　超越女方想像的"礼遇"，确实能令对方感受到与他交往的满足感及相信自己被爱的确定感，若能使女方提高对自我的评价，两人的关系才能更深一步地发展下去吧！

——男人暧昧的回答——他在想什么？

在个人专用的办公室里，有一个男人正埋首案前专心工作，这时，忽然有另一个男人来拜访他，这个男人先敲敲门再进办公室。之后，你想他会采取怎样的动作呢？

第一种情形：男人敲完门后，就直接开门入内，一直走到离桌子很近的地方；第二种情形：男人敲完门，听到里面的人回应后才进入屋内，在靠近门不远的地方就停住了。

高层主管的私人办公室很大、桌子也很气派，这正是其势力范围的标志、崇高地位的表现，让访问者站在距离中心点三尺外的范围内，这样不但可以继续自己的工作，也能够互相交谈。

此外，敲门可视为请求对方应允进入其势力范围的一个行为，敲门后，视对方的反应，回应得愈慢，就表示此人的地位愈高。

这就是所谓的"主客效应"——亦即根据对手的情况，来决定自己的行动取向。

第一种情况下的男士，敲门后立即进入办公室，还持续逼近直到桌子旁，由此行为判断，他的身份一定比办公室的主人还高，才能这样做。

第二种情况的男士，敲完门后耐心等待，得到回应后才敢进入办公室，且站在距离桌子很远的地方等待主人做进一步表示，这种行为显示来访的人地位较低。

也就是说，居上位者可以不用得到对方的明确应允、就直接侵入其势力范围；但居下位者却又必须得到承诺后，才能这样做。还有在时间上，愈是能延迟时机回答的人，也证明其地位愈高。

虽说女人通常都很讨厌男暧昧不明的回答，"问他话，总是支支吾吾不马上回应"，或者是"明明是要他回答，却不知道他到底在讲哪一国的国语，根本听不懂。"

套用"主客效应"的原理，就能了解为什么男人总是不正面地回答你的问题了吧！借着暧昧不明的回答，女人总是成为等待答案的一方，这样男人才能确保自己处于优势、居于上位。

——为什么男人总爱去招惹难以追求的女人呢？

"男人喜欢单纯的女人"，这句话可不是定理，尤其是对自己的外表、能力有充分自信的花花公子，就特别喜欢去招惹那些总是拒绝自己、很难被追到手的女人。

据说古希腊哲人苏格拉底的妻子库珊德斯佩，是一个心胸狭窄、顽固又唠叨的女人，一般的男人看到她大概都会有"绝不跟这种女人结婚"的念头吧！那为什么苏格拉底会娶这样难以相处的人为妻呢？

苏格拉底的回答是这样的："想要令自己马术精进的人，通常会选择悍马来骑，因为如果连悍马都有办法驯服的话，其他的马对他来说简直是小儿科。我连这样的女人都能忍受，恐怕天下再也没有可以为难我的人了吧！"

苏格拉底的意思讲白了，就是："反正都要做，倒不如把目标定高点、努力把它达成！"

人类在采取行动时，会设定一定的目标。这时心中充满"想要达到某个程度"的心理，即所谓"自我的期许"，一般而言，自尊心强、有优越感的人，对自己的评价高，其自我期许也高，花花公子因为自命不凡，所以相对地对女伴的要求水准就高，中规中矩、马上就上钩的女人是无法满足他的。

他会将目标设定在"连简单吃顿饭都不轻易点头的女人"身上，然后朝这个目标迈进。

尽管石器时代的年代，已经相隔几万年那般久远了，但在男人的基因里面，狩猎的本能一直是存在的，所以只要他一见到很难得到的猎物时，这种本能马上就会被唤醒了。

想要挑战难度较高事物的攻击心理，是男性共通的欲求，所以不只是花花公子，连一般的男人也会觉得马上就被说动的女人毫无魅力。

相对地，拒绝自己、难以讨好的女人，反而能挑起男人的攻击欲望。这也就是为何大男人主义的男人，总喜欢去招惹这样的女人的原因。

男人的执著——要更强！要更大！

——男人是自卑感很重的动物吗？

在商场上，有些人像松下幸之助一样连小学都没毕业；也有些人是自小即为老师所唾弃的劣徒，却一变而为上层社会的政治家、商界名人。

促使这些人成功的原动力，一般认为乃在于不同程度的自卑感。所谓自卑感指的是一种没有自信的情感状态，令自己在和他人做比较的时候，充满无力感，总觉得自己不完整，甚至是没有存在的价值。

在维也纳出生的精神分析家阿德勒，将一种替自己的失败及无能辩护使其合理化的下意识心理作用，称为"自卑情结"。为了平衡这种比不上任何人的自卑情结，有些人会付出旁人皆难以匹敌的努力。

造成自卑感的原因有很多，如外貌、身材、能力、性格、学业成绩、地位等。有时也会引起一些逃避、不正常的过度补偿行为，如因过度自卑而引发的自大，或一味想获得声名、成功而导致精神病症的发生。

希腊的雄辩之父德摩斯梯尼，据说从小罹患很严重的口吃。但他立志要成为一名演说家，于是闭关于地下室，夜以继日地苦练。最后，他终于在雅典的辩论大赛上获得优胜，成为举世闻名的雄辩家。

德摩斯梯尼以在别人面前难以开口的自卑感作为原动力，为了弥补自身的缺憾，呕心沥血的结果，让他终于得以拥有优于他人的能力，获得响当当的声名。

我们也常常会听说在学校被人嫌恶的捣蛋鬼，为了平衡这种自卑感，长大成人后成功地成为企业家或职业运动选手的故事。拼命抓住机会、终于名利双收的男人也不在少数。

所以男人就是以比不上别人的自卑感作为原动力，

才能成长得更为壮大、更为坚强。

——男人为何那么在意身高？

据说，身材不高的拿破仑总是以骑着白马的雄伟英姿出现在公开场合。

很多名画上所描绘的"马上的拿破仑"，确实颇能彰显拿破仑英勇的样子。

不过，话说回来，拿破仑的身高在一六五厘米上下，这应该是当时法国人的平均身高。故有此一说，认为拿破仑之所以会被人确信是个矮子，是因为法国尺寸的换算方法新旧不同所致。

姑且不论他到底是真矮还是假矮，至少拿破仑希望自己看起来很高却是不可否认的事实。

在美国，似乎也有长得高的人比较受欢迎的倾向。而现代，女性认定的理想对象的条件，其中身高就包含在所谓的"三高"之内。

从一九〇〇年以来，当选总统的是候选人中身材较高者，只有一六八厘米的卡特是个例外。

身材高对候选人比较有利的说法，也是有很多证据的。

针对匹兹堡大学所做的调查显示，毕业生当中身高一八〇～一九〇厘米的人，比起身高不到一八〇厘米的人，平均起薪会高出二点四八个百分点。其原因出在——主管很有可能认为身材高的人较优秀的判断。

还有一个实验，是找来一个学生，然后分别由不同的身份向实验者介绍他，如学生、医生、大学教授等等，然后再让实验者来猜算他的实际身高。

结果发现，实验者在做判断时，虽是同一个人，身份是教授、医生的身高却高于身份是学生的身高。

其实身高与能力、品德之间并没有什么关联性，身材高的人品性好、能力强的说法，只不过是以貌取人的成见罢了！

但是特别在美国社会，必须发挥个人能力、魅力，才能从生存竞争中得胜，外貌所造成的第一印象，确实具有很大的影响力。

　　从外表做出判断的辨识法，在印象形成之初真的颇占有一席之地。

　　以身高为例，我们得知在面对陌生人决定第一印象时，身材的高低往往是判断的重点、依据。

　　但身高取决于遗传，通常已成定局，想要使现有的身高增长是颇为困难的事。所以长得高的人就可以此为武器，而另一方面，天生矮的人，若想要提升自己的存在感（地位和实力），就必须增加所谓的"印象身高"。

　　事实上，身高指实际身体的长度，只是在一开始的时候。男人总希望能借着个人的实力，将自己的"印象身高"加长。

　　如果有办法令女人眼中的印象身高变高的话，相对的，就能显得更有男性的魅力。

　　——男人在意肌肉的多寡？

　　在性别文化中，不同性别的人，其行为模式、个性、态度会被期许要与其性别相符。例如，男性总被定位为活泼的、独立的；另一方面，女性则被赞许为温柔的、体贴的。

这一类的思考准则，我们称为"性别成见"，但从一项调查中却显示男性对自身的性别成见，与女性对男性的真实期许之间，多少有些落差。

虽然有21%的男人认为女人会觉得男人"宽厚的胸膛"有魅力，实际上，真正觉得这点吸引人的女性不超过1%，至于"结实的三角肌手臂"，有18%的男人觉得它很重要，但却没有一个女人对它感兴趣。

有很多男人拼了命地锻炼自己的胸肌和手臂，实际上就算练得再好，也不会得到女人的青睐。

最吸引女性目光焦点的部分是"窄而性感的臀部"，也就是说，拥有结实腹部、腰身的躯体，对女人才有致命的吸引力。

男女之间，其认同上会有如此大的落差，主因即其（性别成见）认知差异。

在男性的性别成见上，大都主观地认为男人一定要那玩意够大、要身高够高才行。

但是，我们发现女性理想中的男性体格，应该是毫无多余的赘肉、臀部和小腹紧缩结实的那一种，这才是女性对男性的体格期许。

所以一厢情愿地认为——"女人会把健美先生当做偶像"的男人，他的想法真可谓大错特错了。

——男人留胡子的理由

林肯是在南北战争中获得成功、将黑奴解放、成为英雄人物般的美国大总统。在世人的心目中，认为他是一个很有魅力的人。

在总统竞选期间，一位住在中西部的女孩寄一封信给林肯，信的内容是这样的——

"林肯先生，您精湛的演说总是令好多人感动莫名，但是同时也有人批评您是一个尖酸刻薄的政客。我的爸爸说，如果您在演讲时能给人更随和、更轻松的感觉，相信会有更多更多的人支持您。为了让您看来更亲切随和，蓄胡子倒是一个很不错的方法喔！"

于是以收到这封信为契机，留着胡子的林肯终于诞生了。胡子确实淡化了林肯予人神经质、尖酸刻薄的感觉。

在美国，曾做过这样一个心理实验。找来所有留胡子的男士，然后将他们的胡子全部剃掉，针对实验者对每位男士剃胡子前后印象，做一调查。

实验结果显示，留胡子的男士比起没有胡子时，较容易被评定为——"男性化、成熟、帅气、有权威、自信、勇敢、度量大、勤勉"。

仪容和服装是决定第一印象好坏的重点。受到最初信息的影响，导致后来信息被扭曲，造成认知上的偏颇，我们称这种现象为——"起头效应"。

比如，以"有留胡子的男人"作为最初信息、不论其真实为人如何，就先入为主地认定这个男人是"有男子气概、度量大"的情形即为一例。

斯大林是名个头较小的男人，据说他为了要让自己的外表更好看一点，可是铆足了劲地照顾胡子。实际上，看过他照片的人，总会对他那体面的唇髭，留下相当深刻的印象。

不论是接受小女孩建议的林肯，或是个头矮小的斯大林，都拜胡子所赐，在民众的心目中，树立了值得信赖男人的形象。

不过，好笑的是，现代也有许多男人留胡子，理由是为了改运，或装性格，可很多人留胡子却又不整理胡子，所以感觉上只不过是一个"脏兮兮的男人"罢了！

——在意房子大小的男人心理

请女朋友到自己的住所参观，如果有办法弄出一副宽敞舒适、品位高雅、装潢新潮的景象，根据"光环效应"，身为男人的他什么都不用说，其优秀和质感自然就不言而喻了。

通常，看到这副景象的女友，心中会想："这个男人收入肯定很多，家境不错吧！？"或是"他生活十分富裕哦！"、"哇！太有品位了！"于是心中"想和他一起过一辈子"的美梦，也就开始膨胀了。

不知你有没有参观过，墨索里尼在罗马瓦那基亚宫殿中的办公室？

巨大的厅堂中，映入眼帘的除了角落里墨索里尼的私人办公桌椅，及招待来宾用的两张椅子之外，就再也看不到其他东西了。

房间内的柱子是巨大圆形的大理石石柱，来访者一见就完全被它震慑住了。为了使房间看来更宽阔、更庄重，连梁柱及墙壁的雕刻及装饰，都下了很大的工夫。

每位访客自玄关处的厚重大门打开后，必须步行良久，才能到达距离房间中心点约二十米远的办公桌。

在这行走的期间，访客们将强烈地意识到房屋主人的伟大，而那份崇拜心理产生的紧张感，一定也非常吓人吧!

墨索里尼将个人的政治权望，借由巨大的办公室彰显出来。

也就是说，把巨大的办公室当做光环，让自己本身的存在，感觉起来更伟大。

一个男性如果拥有与众不同的优点，以这优点作为光环，加上它之后，这个男人看起来就会比实际更优秀，这种现象称为"后光效应"，相反的，如果让别人注意到的是缺点的话，就会被看成比实际上还要更没用。

墨索里尼借着压倒众人的办公室，来显示自己的气派；就好像男人借着自己的房子，来说明个人实力的道理是一样的。这也就解释了为什么男人总希望房子能更大，车子能更大的心态。

第二章

女人的字典怎么读？
女人为什么喜欢说谎？

"女人心"的判读方法

——女人招架不住男人死缠烂打的两个原因

有一位花花公子泡了一个妞，第一次带出来玩之后送她回家，在她家门口想要吻她……

"人家不是第一次约会，就会被吻的女孩！"

他被拒绝了，心有不甘，就笑着回答说："那么如果是最后一次约会呢……"

"要说动女人、厚脸皮是必胜绝招"，曾有花花公子大言不惭地这么说。怎么个厚脸皮法呢？比如被女方拒绝说："我对你完全不感兴趣"时，就得厚着脸，应道："只是做朋友，偶尔来喝喝茶应该可以吧！"或是"真的很希望下次能再跟你见一面"等等，自己打圆场。

女人之所以难以招架男人的死缠烂打，主要原因有两个——

第一个原因：当女人不知自己的判断是否正确时，很容易受到他人意见左右，这种现象被称为"社会化评比过程"，尤其当自己缺乏判断的经验时，往往会拿"其他人怎么想？"、"其他人如何做？"作为参考，做出个人的决定。

对于追求自己的男人，要判断他"到底是值得爱的男人？还是坏男人？"是一件伤脑筋的事。大部分的女性，一开始都会将追求者的学历、职业、家世，与其他男人做一比较，借此来估算追求者的身价。也就是说，女人在做判断时，不是光凭个人自身的能耐。

在被追求时，如果听到"这个男人很有前途喔！"的风声，就会做出追求者是有身价男人的判断。还有如果被灌了"我一定会出人头地、让你幸福的！"或是"你就是需要我这样的男人来照顾！"等等的迷汤，也会渐渐地相信"或许真的是这样吧！"

女性总是受限于"其他男人不知是怎样想的？""对方不知怎么想？"等社会比较的盲点中，所以男人锲而不舍地追求确实可左右女人的判断。

第二个原因：对于逐渐熟稔的人、事、物，好感和爱慕之情会油然而生。根据"熟知性原则"，我们了解到，最初并不特别讨厌的东西（包括人、记号、文字等等），看的次数愈多就会愈喜欢。

对于并不是特别讨厌的男生，只要他肯仿效"三顾茅庐"的精神、锲而不舍地一再追求，相信大多数的女生绝对不会没有反应吧！

而且根据"熟知性原则"，女性对于有"三顾茅庐"精神的男性，不知不觉中就会产生好感。

被男人奉承追求的女性，其"被动的姿态"相对的也更明显。这样的女性，反而会令男人产生"绝对要追到手"的强烈欲望，于是就会采用"三顾茅庐"的策略，半强迫地使对方做出决定，而达到自己的目的。

——为何女人难敌赖皮的男人

"只要走在大街上，意大利的男人马上会向你搭讪喔！"在国外旅行惯了的女性总是这么说。虽然没有人认为意大利的男人个个都是登徒子，但为何他们就是能如此轻松地向女性搭讪呢？

这一点对东方人而言，实在是令人羡慕。因为我们的男人无法毫不害羞地就将——"你真有魅力！"、"你真美！"、"我不由自主地爱上你了"这些话说出口。

"意大利的男人很多是浪荡子"，把意大利男人看做是没有节操、不道德的象征而加以唾弃的可说是大有人在。其实，此类谣传的话语，主要是表达了东方男性又羡又妒的复杂心理吧！

有一种奇妙的现象称之为"催眠效果"，这是在说服性沟通的研究中被发现的。指的是，即使情报是从无法信赖的人处得来的，但经过一段时间的发酵后，慢慢地说服效果也就会产生了。

一开始被劝说的时候，如果情报来源出自令人无法信赖的人口中，我们是不会被说动的；但是，过了两个星期后，情报似乎与情报发出者脱离关系，而变成了可令人理解、相信的。

比如，一开始想着——"这种色狼讲的话，我才不会相信呢！"抱持着不屑一顾态度的女性，可能几个礼拜后，其想法就会变成——"他说我很有魅力、喜欢我，或许这是他的真心话也说不定……"

身为一个花花公子，反正就是要铆足劲地去赞美女性。世上大概没有几个女人对花言巧语不买账吧！在"催眠效果"的催化之下，女人会改变想法地认为"或许我就像他所说的那么迷人！"这就是花花公子心里打的如意算盘。

受欢迎的男人，要不怕羞地厚起脸皮赞美女性。用赞美作为投石问路的手段，才会有机会说服成功。

——为何女性被人赞美时会很高兴呢？

"今天的发型好漂亮！"、"这件衣服、我也好喜欢！"、"最近，变得好有魅力唷！"——被这样赞美时，大部分的女性都会很高兴。但是，跟欧美人比较起来，偏偏东方男人就是拙于赞美女性。

可是为什么，女人对外表被称赞一事，会觉得那么的愉悦呢？

有一个专门术语叫"自我关切"。愈是自己觉得重要的事，或是愈是与自我中心相关的事，对人而言，与自我的相关程度就愈大。

在说服、劝导他人的时候，这个"自我关切"可是占有举足轻重的地位呢！

当"自我关切"愈大时，人的容忍限度会缩减，而排斥范围则扩大。演变到最后的结果是，人对攻击自己立场的说服性沟通会做出强烈的反抗。

譬如看到自己的男友和其他女人走在一起，如果愈是深爱这个男人，则他与自我的相关程度就愈高，于是也就更无法原谅他的行为。就算他解释说："只是一个不相关的女人"也会做出很激烈的反应！

现今是一个速食文化的时代，男女交往也开始走上这条"不归路"，手机的普及，QQ的方便，男人常常以一个QQ就把女方搞定了，事实上这种情爱在上一代的眼里，可一点也不浪漫……

记得看过一部电影，片名早已经忘记了，但有一个情节，男主角从事着间谍工作，负责假冒已被杀害的被害人身份，促其再度复活。

有一次，这名青年用打字机打好书信，然后模仿被害者的签名，将情书送给被害者的情人。没想到，被害者的女友收到这封打字的书信，一见之下就埋怨着说："这个人真是没良心。"造成这种反应的原因，主要是出于用打字机制造出的书信，无法令人感受到情人的浓情蜜意。

从最爱的人（即与自我关切程度最大的人）处得来的书信，如果与自己原先的期望不相符合的话，叫人怎咽得下这口气呢?

所以,只要自己最爱的人稍微有点冷淡的举动——譬如用打字机写情书,就会惹得当事者产生强烈的反感和不快。

有很多女性对于"自己是否有魅力?"或"别人是否注意到我?"这档事,表现出高度的自我关切。

譬如赞美十分关心流行趋势的女性,如能称赞她的穿衣品位高,她一定就会非常开心。

但是,去赞美一个完全对时尚不感兴趣女人的衣着,恐怕就难讨其欢心吧!所以要赞美女人的时候,要针对这个女人最关心在意的事去称赞;如果不这样做的话,赞美就失去意义了。

——女人为什么很难抗拒鲜花呢?

在电影中,我们常会看到这样的场景——一个充满绅士风度的男人,手捧着女朋友最钟爱的花束,来到女朋友的家门口,伸手按下门铃。来应门的女性一看到鲜艳美丽的花,马上就会露出灿烂的笑容。

花虽说是又讲究又漂亮的礼物,但事实上,如果不清楚对方的喜好、兴趣,就贸然相送的话,结果很可能会自讨没趣。也就是说,送花真是一门很难的学问,但也正因为如此,如果能让女人收到的礼物是其喜欢的花的话,她肯定会更加高兴。

那么,花到底哪一点能讨女人的欢心呢?

第一,花朵不但美丽,对女性而言就好像必须常备的东西。想要的东西被当成礼物送来,任谁都会感到高兴。这对任何一位女性而言,都是再好不过的理由。

第二,能满足女性"对方了解我的喜好"的虚荣心。个人的对饰物的喜好虽很容易被看穿,但对花的癖好,不够亲密的话就无法了解。因此,当送给女朋友的花正好投其所好的话,她就会感到无比高兴。

第三,花是一种能令人轻松接受的礼物。当收到高价的珠宝当做礼物时,难免对对方产生"不知他有何居心"的警觉。此外项链、戒指等饰物,也会令人产生"必须以身相许、托付终身"的使命感。这样送出的礼物反而变成对方的负担了。

　　送礼是一门相当大的学问，有些男人以为送最高贵、最值钱的礼物，才足以表达自己的心意，以其赢得美人心，殊不知这样反而会吓跑了对方！

　　送礼必须斟酌自己与对方的交情和进展程度来衡量，不能像一个冒失鬼一般，第一次陪你吃晚餐就拿出一颗钻戒或一串珍珠来相送，如此肯定会让对方认为你一定是"心怀不轨"！

　　当然也有见钱眼开的女子，欢迎你送的东西越贵越好，越多越高兴，但这不是我们讨论的对象，因为这种女人，随时都可以陪各种男人上床的！

　　赠送礼物不期待过分的回报，才能博得对方的良好印象。反过来说，送的东西不会令对方以为你有非分之想的话，不但令人容易接受，也能赢得接受者的好评。

　　"送你这条项链后，希望你随时戴在身上！"或是"这价值不菲的东西送给你，希望借此我们能更加亲密。"如果抱持这种居心而被识破的话，就算收到礼物，对方也不会感到开心的。

女性就是会想说："用花当礼物不但有价值，而且不会被期待要有所回报。"所以收到花才会感到如此的高兴。

——为何女人容易接受暗示呢？

"先从女人这边下手，如果成功的话，男人一定也会跟着走。"

这句话出自帝俄末期、任意左右沙皇尼古拉二世的拉斯普金的口中。出生于西伯利亚的穷乡僻壤，浪迹各地的拉斯普金，是怎样得到沙皇信任的呢？

拉斯普金为了要控制尼古拉二世的意思，他先找出皇后的弱点。被称为能行神迹、不可思议"圣者"的拉斯普金对一向生不出皇子的皇后预言说："只要到圣·亚拉美姆庙参拜，就可生出太子。"结果这个预言真的兑现了，于是自此他就与皇后建立良好的关系。

既无学理说明，又缺乏实际的根据，却认为别人告诉自己的话或许可信，而加以接受的心理过程，即称为

"暗示"。

容易中这种"暗示"计谋的人，往往是被暗示性高的人。拉斯普金心里盘算着，皇后虽然原本深具信心，却因生不出皇子而自信尽失，所以她现在只不过是个被暗示性高的女人，利用她这方面脆弱的心理，稍施手段加以暗示，就能控制她，进而左右了尼古拉二世。

以下类型的女性就是比较容易接受暗示的人。

第一，对自我评价低的人。要自我评价高有两种情形，一是对自己本人深具自信、愈有自信其自我评价就愈高；二是别人对自己有高度的评价，如此也能令当事人产生"事实即是如此"的想法。

因此，只要是面对能令自我评价提升的煽动言词，人就很容易中计。譬如对一位悲观、抱持着"我是个没有魅力的女人，男人根本不会想要和我约会"想法的女人说："再也没有像你一样完美的女性了，我希望能和你结婚"。这样说的话，这名女子肯定很容易就被说动了。

第二，同调性高的人。想要让自己的言行与周边的人意见、行动相符的心理，称之为同调性，同调性高的人，因为不喜欢被孤立于群体之外，所以很容易受到他人的影响控制。

例如，听到朋友夸耀地说："我的男朋友送我一条很高级的围巾喔！"

这时如果自己男朋友从没送过这么高级的东西的话，心中就感到不安。原因是自己的行动和朋友不同所致。

女性比起异性，对于他人的评价更加敏感，而不愿落后于人的心态也更强烈。在此种情况下，也难怪只要稍微对女人施加暗示，效果就会提升了。

——为何女性对男人的"自我表白"会敞开心房？

在小团体聚会时，如果能添加一些与性有关的笑料题材，不但能缓和现场的气氛，更能拉近彼此的距离，使大家更加亲密。

向别人一五一十地说出自我心声的行为，称之为"自我表白"。特别是与性有关的话题，要做到自我表白实在很困难，可是如果连这点都能坦白的话，其所造成的效果将更为不同凡响。

自我表白能令对方对自己抱持有好感；反过来说，当对方向我们表白时，我们也会很容易喜欢上他。更可进一步确定的是，当自我表白的程度愈深入时，我们对对方的好感也将愈深。

那么，若就自我表白的原则加以推断，不就可以说：我们是不是会比较喜欢"聊到性"的对象？而相反的：当我们先谈及性的话题的时候，对方会比较高兴吗？

然而真实的情况又是如何呢？初次见面时，若对同是女人的对方聊到像避孕技巧等重大私密性的话题时，反而不甚讨人喜欢。

初次见面要聊的应该是，曾经发生过的愉快经验，或是现在正热衷、专注的事。一个女人要能像这样适度地表白自己，才会更加受欢迎。更顺带一提的是，若谈

话的内容仅止旅行，或是自己喜欢的电视节目，自我表
白程度较低的女性，是不会被喜欢的。

女性在谈性的时候，通常比男性直接。虽说此类话
题有助于增进彼此的亲密感，但是最好还是先斟酌一下
对方与自己的亲疏远近，避免过分直接比较好。在与人
相处时，有必要将此点牢记在心。

——男人、女人到底谁比较好色呢？

不知道你是否曾经注意到这种现象？在我们周边
一个又高大又英俊，事业又有成的男人，天天都是媒体
的宠儿，人们注意的焦点。可是有一天，他带老婆亮相
了，人们这才发现——"他这老婆实在不怎么样，怎么
配得上他呢？他又怎么会爱上她呢？"留给大众一团
谜……

我们常说郎才女貌。男子选妻重"容貌"；女子选
婿重"才德"，事实真的是这样吗？根据至今为止的诸
项研究，确实可见这类倾向。因此，我们一致认为这就

是女人比男人更在意自己姿色的原因。

然而，尚有一个环节值得我们深思：相对于男人会开口明讲："我比较喜欢美女"，女人却不会这么说。

根据某项研究，大部分的男性都会回答："交往对象的容貌重于人品"，另一方面，大部分的女性则会答道："比起容貌，对方的品德比较重要。"这个结果，确实与一般的认知相一致。

但是针对容貌与好感相关程度做调查时又发现，对女性而言，两者之间的相关程度相当的高。也就是说，女人对相貌英俊的男人，很容易就会产生好感。顺便一提的是，男性反而比较没有这类倾向。

女人嘴巴上会讲："我的他不够英俊，但是个好人。"心里真正的想法却是——"其实我也想要有个英俊的男朋友，不过看在他人品不错的份上，那就勉强凑合凑合吧！"

但当男人说："我的女朋友虽不是美女，但却是个好女孩！"时，这真的是他的真心话。由此可见，男人反而不像女人这么在乎对方的容貌，所以才能大方地承认女朋友并不是个美女的事实吧！

——为什么好女人会喜欢坏男人？

前几天有个毒犯越狱逃了出来，但是不到两天就又被逮到了，这时他的女友，竟然跑到警局哭哭啼啼地看着他被带上了警车，还对他说一定会等他回来……

看了这种场面，真叫人心里五味杂陈，为什么一位清秀的年轻女子，会爱上一个大她十几岁、长得不怎么样、又是前科累累的毒犯呢！？难道女人真的都会喜欢坏男人吗？

换个角度来看，如果一个女人，同时与两个男人交往，一个是好男人，另一个则是有点玩世不恭的坏男人，其结果往往是坏男人会先与她上床，倒不是说坏男人骗人的手段比较高明，原因是好男人百依百顺，让她感觉不到他的存在，再加上，坏男人老让她抓不住，因而产生了致命的吸引力，还有一个女性的母爱本性，会让她觉得他坏，所以比较需要被照顾……

　　再说"好女人"该怎么界定呢？这话题可以延伸出写上好几本书，不过依常论，好女人应是指她的教养比较好的那一方面，而问题也就出在这里。

　　在东方的社会里，性问题仍然有很多暧昧不清的状况，尤其在所谓有教养的家庭里，性还是洪水猛兽，只能做，不能谈……并且视为是一项"禁忌"！

　　在这种家庭出生的女子，由于没有机会坦诚沟通，所以对性的好奇反而比他人更为强烈，于是一点点坏的男人，只要闯入了她的心扉，反而就很容易将她弄到手……

　　"不要！"她的挣扎，对好男人，就是一道中止命令，对坏男人，反而成了一股诱惑，他才不管你的拒绝，你不要，他反而更要，等到米煮成饭了，要想脱身就很不容易了……

　　——女人对男人产生好感的那一刻

　　诸事若能如己所愿般地——开展的话，那我们的自尊心就会提高；相反的，做任何事都不顺利时，我们的自尊心就会降低。此类自尊心的变化，将随着自我评价与他人评价之间的消长而定。

美国的女性心理学家渥鲁丝塔曾经证实，当人自尊心低落时，会很容易喜欢能肯定自我价值的人。

首先，让女学生们接受人格测验，等测验完了后再要求她们待在控制室中稍候一下。然后安排参加同一实验的男同学来到控制室，彼此互相交谈，最后由男学生向女学生提出约会的邀请。

接下来，实验者告知女学生们有关人格测验的结果。而此项结果的宣布是有计划的：有一部分人会得到"十分优秀"的评价，而另一部分人则得到的答案竟是"非常不良"。

在大家都得知结果后，实验者再向女学生们询问："对刚才提出约会的男生，不知有何看法？"一问之下发现，在人格测验上被评定为"非常不良"的女学生，普遍对向自己提出邀约的男生怀有好感。

由此可以得知，面对承认自我价值、给自己高度评价的他人，我们很容易就会产生好感。特别是，当自己的自尊心低落时，这种倾向最为明显。这就是一种被称为"自尊理论"的原理。

例如，失恋的女人其自尊心肯定是跌落谷底。这时，如果有个男人愿意听她倾诉，对她说些鼓励的话，她很容易就会对这个男人怀有好感。甚至连对没见几次面的男人，都会产生一种——"和他结婚也不错"的想法。

所以，才会有女人在失恋后，莫名其妙地就跟一无是处的男人结婚的事。

——为什么女人会爱上没用的男人

"这么窝囊、没用的男人，到底有哪一点好？马上跟他分手！"

——父亲大声地责骂女儿。其实做父亲的有所不知，正因为他是个没用的男人，所以做女儿的才会如此迷恋于他啊！

女性对于自己喜欢的男性，会想要赠送礼物给他、无微不至地照顾他。

而上面这句话也可倒过来讲，变成：在赠送礼物、担受百般辛劳的同时，女人将会喜欢上自己倾向付出的对象。

在美国曾做过一项心理实验，借此我们可了解女性这种微妙的心理。在某个实验结束后，实验者对协助此次实验的人拜托说："因为我的资金已经全部用光了，所以希望你们能归还此次实验所得的酬劳。"之后再调查本来对实验者毫无好感、更谈不上喜欢的实验赞助的人们，其在心态上是否产生了变化。

结果发现，事后归还酬劳的人对实验者会持有正面的评价。而且归还的金额愈大，对实验者所抱持的好感也愈高。

也就是说，在我们出手协助、馈赠物品时，我们对施加恩惠的对象会怀有好意。更进一步地说，当施惠的量愈大时，我们对这个人的好感也愈多。

为什么会发生这种现象呢？首先可就"人对讨厌

的人不会施以恩惠"这点加以考量。但若按照实验的安排，将产生对讨厌的人施加恩惠的不协调（自己的行动和自己的信仰不相一致）情况。因此，为了消解此种不协调感，一种"喜欢上自己施恩的人"的奇妙心理，就开始运作了。

这时本来感觉"施加恩惠给讨厌的人"的想法，会修正成为"事实上，我对这个人所怀的好感，连自己都料想不到！"借此反向思考将自己的行动正当化、合理化。

虽然女人也会想"为这种没用的男人鞠躬尽瘁，真是毫无意义。"

无奈现实生活中却仍是得费尽心力地照顾他。置身于此种情况下的女性，为了要让自己的行为合理化，就会自我催眠地想道："这个男人才不是没用的人呢！只是大家都不了解他的优点而已！"反倒是对于没用的男人死心塌地起来。

不论男女，对于自己喜欢的对象，不妨出些难题给他，或要求他去办些不可能的任务。如此一来，将会令对方产生一种"我有施加恩惠"的心理，并进而赢取对方对你的好感。

婚姻骗子总是以"要与前妻离婚、必须付她赡养费"，或是"必须借钱才能筹措婚礼的费用"为由，向被害人苦苦哀求着："请借钱给我，我一定会还你的！"受骗的女人玥知对方是个"不可信任的男人"，却还借大笔的金钱给他，这时为了消解此种不协调感，在心态上就会变得比以前更爱这个男人，必须这样，心理才能得到平衡。

被欺骗的女性之所以对欺骗她的男人不会过分为难的原因，就是这种微妙的心理在作祟。

——幽暗中萌生"性趣"的心理

通常男人想要引诱女人的话，大都会在昏暗中采取行动。喝酒的时候，若置身于灯光微弱的酒吧或烛光摇曳的餐厅，就会很容易兴起邀约对方的冲动，要散步的话，则会希望是在夜晚的公园内。

为什么男人会特别中意幽暗的场所呢？在美国曾进行过一项与此有关的实验。让五名男女同处于一闭锁的空间内大约一个小时，然后观察这段时间，每个人分别会采取怎样的举动。

而男女共处的密闭空间，又可分为明亮及昏暗的房间两种。在如此不同的情况下发现，置身于明亮房间的男女，几乎在一小时内都没移动过个人的位置，而且自始至终都只是言不及义地互相应酬着。

另一方面，置身于昏暗房间内的男女，随着相处的时间愈久，他们的交谈变少，而且开始走动，改变原来的位置。之后有很多人会碰触同伴的身体，甚而互相拥抱。

这种情形，我们可解释为：在幽暗的空间内，由于彼此对对方都不太熟悉，所以可以消解人们害怕自己会原形毕露、无所遁形（自我暴露过剩）的疑虑，也正是因为如此，所以同伴间的亲密感就急速地升高了。

即使面对的女伴与自己没啥特别关系，但只要置身于看不清楚彼此面目的黑暗中，自我暴露的不安就会减少，这样才能放松地抚触对方的身体。

天性懦弱的男人，碰到昏暗不明的好时机，也会变得大胆起来。这就是为何男人诱惑女人，总是挑幽暗场所的原因了。

此外，这现象不是只有男人才会如此，很多女人在漆黑中，也有可能会做出令人惊讶的大胆举动呢!

男人无法理解的女人为什么会这么想！

——为什么女人比男人更善于说谎呢？

"看我的眼睛，有可能是会骗人的样子吗？"当女人这样说的时候，就已是个天大的谎言了。虽然有一句俗话说："眼睛是不可能骗人的"，但事实却证明——"眼睛比嘴巴还会扯谎"！

心理学者们曾做过很多与视线有关的心理研究，其中有项实验名为"隐瞒真相的对谈"。在实验进行中，先将男女二人合为一组，然后再观察他们在交谈的时候视线的方向及变化。

结果发现，拼命瞎掰的时候，男性正视对方眼睛的时间，会比平常来得少；但相反的，女性却反而较长，她们能盯着对方撒谎，一点也不困难。

由此可知，女人可以一边看着对方的眼睛，一边撒着漫天大谎。

换言之，当女性在情绪上不受动摇时，她是什么话都讲得出来的。

有关谎言的心理学研究曾指出，以下几类人所撒的谎，是很难分辨出来的：

1.即使说谎也不会感到愧疚的人。

2.不觉得谎言是谎言的人。

3.明知是谎言，但在没有办法的情况下，他也会乐意撒谎的人。

有可能女性并非天生善于说谎，而只是善于转移说谎后的情绪罢了。

——为什么女人说哭就哭呢？

古人有比一比，说："女人的眼泪和瘸腿的狗，都是一种虚张声势！"

　　丧家之犬故意用跛足来松懈敌人的戒心，就好像女人身处不利境地时，会流下眼泪以骗取男人同情的道理一样。

　　辩不过人家的时候会哭，高兴的时候也哭。虽说女人的眼泪不光全为欺骗男人而流，但和男人相比起来，女人的眼泪就是比较多。

　　有一个名词叫做"性别角色"。意思是说在特定的文化中，不同性别的人将会被赋予不同的特性。例如，女性的性别角色被认定期许为柔顺乖巧，男性的则为活泼、有独立心。这种性别角色乃是取决于父母及社会的规范、教养。

　　就我们的社会眼光来看的话，女性的理想形象应是温顺的、自制的、柔弱的、好脾气的。也就是说，女人说哭就哭的举动，刚好与上述性别角色形象不谋而合。

　　当男人见到因感动泪水夺眶而出的女人时，他会以为面对的是个温柔、娇弱的人。在这样的女性面前，大部分的男人不轻声细语地说话都不行（这也是男人的性别角色)。换个角度来看,也可说为了换得男人的温言软语、女人才选择哭泣一途。

然而,在众人面前一把鼻涕一把眼泪的行止,却与男性角色的形象不相符合。所以男人绝少在人前轻易落泪,就正是这个道理。

女性喜欢哭泣的另一个理由,就是"退行现象"。

所谓的"退行"就是退化到发展之前的阶段。例如,当自己的弟妹出生后,为了要引起母亲的关心,小孩最常会发生的退行现象,就是开始习惯性地尿床。

哭泣是听不懂语言的幼儿的行为,因此,只会哭的女性就好像退化到幼儿时期一样。我们小时候就有类似这样的经验。只要一哭,就会换来父母及长辈们的好言安慰。于是,当不知道怎么办才好的时候,很多女性期待别人能"柔语相对",就会做出像幼儿一样的哭泣行为。

再加上,看到如孩童一般哭泣的女人,男人就会觉得她像孩童一般娇弱,因此照顾保护的姿态就被引发了出来。也有可能女性就是看准了这点,才效果十足地声泪俱下也说不定。

——为什么女人就是特别记得小细节呢？

我们都知道男人和女人在认知的能力上是有差异的。例如一些繁杂琐碎的事，男人可能早就抛诸脑后，但女人却还能记得一清二楚。

男人擅长数理；女人擅长文史，这种现象不是只在我们的社会，可说是全世界都一样。当然，不消多说其中也会有几个个别的特例。

然而耐人寻味的是，被认为讨厌数理的女性，在计算能力方面却是优于男性的，而另一方面，男人擅长的则是理解和推理。

也就是说，虽然一般人认为女人擅长文史，对数理难以得心应手，但实际上，在精密的计算方面，女人反倒是比男人还要优秀。女人之所以对于数理敬而远之，就是因为在家庭及学校中，总是将数字和理化合并在一起，所以才造成一般人觉得男女有别的偏见。

而根据智能检测的结果，似乎也显示出女性在理解文章构成及文法正确性等语言能力方面，比较优秀；而男性擅长的则是视觉、空间上的推断，即所谓的抽象推理能力。

由以上所言的男女差异加以推断，我们可以得到这样的结论：男人会对抽象的事物感兴趣；而女人关心的则是具体的事实。

换一句话说，当一件事情发生了，男人会想去理解它背后发生的原因、做出全面性合理的解释。但相对地，女人则会去观察搜集事情发生时，所呈现出来的一切蛛丝马迹。

因此，相对于男人一开始不重视细枝末节的习性，女人却强烈关注这些小事，并且永远不会忘记。或许就是因为女人擅长的文科思考法，对琐碎记忆很有帮助吧!

——嫉妒心重的女性心理

嫉妒是一种与爱情有关的感情。当自己所拥有的、或曾经拥有的东西被别人夺取时，或是光只想像到上述的情境，嫉妒心就因此而生了。

另有一个名词叫"羡慕"。羡慕和嫉妒很像，它是在和他人比较过后，觉得自己"无论如何都没有胜算"时，所产生的一种情绪。

换言之，和他人一争长短所生的敌对意识叫做"嫉妒"，但若费尽心思仍赢不了对手的话，那种心情可就要叫做"羡慕"了。

那么，嫉妒心重的女人，又是哪一类的人呢?

根据心理学的研究，得到以下的结论:

第一，缺乏自我主见的人，这类人从来不会说:"我想要怎样……"总是听从大家的意见，别人怎么说，她就怎么做。

第二，理想的自己和现实的自己之间，有很大落差的人。这类人抱持着高远的理想，一心一意想让自己成为理想的典范。无奈现实生活中，自己的魅力与技能却与理想相差十万八千里，只好落入不满现实的族群之中。

第三，对他人容易注意到的事，如富有、名气、容貌、身材等，在社会上能给别人高度评价的人。通常会以之为欺负的对象，或是在背地暗损朋友"钓到金龟"的，就是属于这一类的人。

在心理学的研究上，尚未百分之百地肯定女人的嫉妒心就是比男人重。

但是，大体而言，女人总是较易受他人意见左右，且又重物质及表面化的东西。就这一点来看的话，女人嫉妒心较重的说法或许也不无道理呢！

——为什么女人就是比较大嘴巴？

女人能够很轻松地将自己及身旁的私事告诉第三者。所谓的讲自己的私事，正确的专门术语叫做"自我表白"。根据有关自我表白的研究，发现女人较男人更容易做到这一点。也就是说，女人的嘴巴似乎比较不牢。

为何女人就是比较大嘴巴呢？事实上，当透露情报给正想知道的人时，情报本身就是一个很吸引人的犒赏。也因此流通情报的人对于听取情报的人而言，其所处的地位就相对地优越了起来。

如果自己说的正是对方想要听的，不但能令对方满心欢喜，说不定还能从对方那里换取其他情报以作为报答。再加上，若所说的又都是对方不知道的事，那么身为情报流通人就可乘机接着说上一句："因为是你，所以我才告诉你"，借此拉近彼此之间的距离。

喜欢八卦的女人，就是抱持着"自己提供的情报对他人而言应是不错的犒赏（对方应该会很乐意听）！"或"靠这则独家消息，我的姿态可就比较高！"等诸如此类的想法。所以，除非是意识到对方"不想听"，否则她就会一直不断地说下去。听说，素有经营之神之称的松下幸之助，每当部属在工作上碰到瓶颈或为其所斥责时，事后常常会打电话到部属家里去，向部属的太太说道："麻烦请向某某说：一定要好好地做下去，不要气馁哟！"

虽说现代的经营者，不像上一代那样与员工家族有同为一个"大家族"那种亲切的作为，可是我们可以仔细想想，以前的经营者为什么"会"这样做，以及为什么"要"这样做！

当举办家庭式的聚会时，经营者才有机会接触到部属的老婆，而从部属的老婆的口中，更能了解除了在工作岗位的表现外，他的为人以及对家庭的观念等等，而这些情报在平常部属的口中都是得不到的。听说以往的大公司如果要将某人提升为重要的干部时，往往会由社长或总经理级的人物，先去做个家庭访问哩！

如此的做法，就是要从大嘴巴的妻子的口中，更进一步认识到员工的底细，这一做法很高明不是吗?

——为什么女性总喜欢成群结伴？

为什么女人走路时要牵着手、搭着臂呢？为什么女人总是采取团体行动呢？为什么女士们对东家长、西家短乐此不疲呢？

针对街上行走的同性友人所做的调查发现，20岁左右的女性，在走路的时候会倾向于挨近同伴。换句话说，这个年纪的女性最喜欢结伴成群。

美国的社会心理学者夏克达曾以女大学生为对象，做过一项实验，实验的主题就是研究"人何以需要他人？"

实验开始之前，先让一名顶着"吉鲁斯汀博士"名号的男子，向所有协助此实验的女大学生做以下的说明："今天的实验会借着测量血压脉搏，来了解电击对人的心理会产生何种影响。接受电击的时候，或许会觉得很痛苦，但基本上对身体并不会造成任何的伤害。"

这名博士首先以令人惊异的声调、暧昧不明的笑容对被实验者做以上的说明，借以引发她们不安的情绪。但另一方面，对某部分参与实验的人，却又刻意用不同的说明方式，尽量使其安心。

分别听取说明后，所有参加者就被指示须先留在控制室中，等待实验的前置作业准备完成。实验者特地将控制室安排成两种：一种是"只有一人独处的个室"，另一种则是"可与其他参与实验者共处一室的房间"，然后任由个人选择自己喜欢的地方。

结果发现，有强烈不安感的女性，通常都希望能和别人待在同一个房间内，这是一种被称为"亲和行动"的行为。一般而言，当人感到不安时，想要与自己有相同遭遇的人共处的亲和欲求，就会变得更为强烈。

特别是身为长女或独生女的人，其亲和欲求就更大。这一类人，从小开始，只要一有麻烦、困扰的事，父母通常会代其解决，所以养成他们长大之后，碰到类似的情况，就习惯性地去依赖他人。

很多女性在不熟悉的场所及人群中时，或是要与不亲近的人碰面时，都会感到强烈的不安。这时亲和欲求强的人，就会想找个密友或亲人结伴出席。

而在人群中行走时，若只是结伴同行的话，仍会感到不安，所以必须臂勾着臂、手牵着手，这样才有安全感。在约会的时候，若女性挽着男伴的手臂，这即是一种想将自身心理的不安传达给对方知道的行为。

——女性衣服被剥光时的心理

研究人体意识的代表权威——费雪，曾尝试做过如下的独创性实验。

这个实验的目的是要检测：部分女性患有性反应障碍即性冷感的原因，是在性交时必须脱光衣服所造成的说法，是否能够成立。

之所以提出这样的假设，是因为对女性而言，衣服有强化自己身体情境的功能，能令人免于感觉自己是容易受伤害、脆弱的。

实验以等待接受身体检查的女性为对象，测量她们在脱衣前及脱衣后身体的感觉及反应。结果发现，平素在性交时愈难达到高潮的女性，在脱衣之后，她们的身体感应就丧失愈多。

这可以解释为，由于号称人类第二层肌肤的衣服被剥除，造成人害怕被伤害的不安情感高涨，而在这种情绪的妨碍之下，将使人无法达到性高潮。

当小孩哭叫，因害怕而双脚无法动弹时，父母及大人们通常会采取何种行动呢？大部分的人应会将孩子抱起，让他紧紧地依附在自己身上吧！

被环抱的孩子感到安心之余，一定马上就会破涕为笑。这时父母的身体一变而为强化孩子身体情境的靠山，所以孩子才能觉得如此安心。

同样的，当我们跨入浴缸中，让热水淹过我们身体时，我们马上就会有全身放松的感觉。或许就是因为这时我们感到皮肤被热水所保护的关系吧！

同理可证，接受他人温暖、善意的拥抱，或是将身体泡在浴缸、海水或游泳池中时，我们都会感到无比的心情平静，就是因为这时不论是他人的身体或水，都变成了自己身体的防护罩了。

　　这么说来，在发生性行为的时候，如果能够被异性所拥抱，应该就能产生安全感及乐趣才对。之前费雪实验中无法达到性高潮的女性，或许可说她们这一类人，在脱光自己的衣服之后，却无法套上另外一件称为"异性身体"的衣服吧！

——为什么女人讲电话总停不下来？

　　女人的长舌电话总让周围的男人吃不消。男人心里正想："又开始三姑六婆了。"没想到这厢还没说完，她又在那厢开始讲另一通电话了。即使是根本不用在电话里说的，等见面时再说就好的事，她也要在电话中仔仔细细地叨念一遍。

　　很多男性以为电话是用来联络事情的。因此，该说的话讲完了，就该挂电话。尤其是最近，手机的普及使得人们不分日夜都可以交谈，甚至连年轻的男性，都变得长舌起来，真令人受不了。

　　虽然很多人认为"还是直接碰面，面对面交谈最好！"但是其实电话有意想不到的功效。比如有一个实验就是在测试当两人意见完全相反的时候，是用电话、当面会谈还是影像电话等哪个方式来做沟通，会比较容易令双方达成共识。

结果发现在商谈时，双方意见产生变化的程度，以电话最大、见面会谈最低，而影像电话则居中。

再更进一步地调查每个人对其谈判对手的印象，发现使用电话谈判的场合，通常会给对手正面善意的评价，认为他"能令人产生好感、诚实、理性而且值得信赖。"

也就是说，当两人意见相左的时候，使用电话来做沟通，比较容易相互妥协，而且对彼此的印象也会比较好。换言之，在电话里能把想要说的说得比较完全，如此把对方惹毛的机会也就很少了。

其次，电话还有以下的功用——

第一，电话无法提供视觉上的情报，所以可集中精神于谈话上。很多女性在与他人会面的时候，话题始终绕着服装、化妆、饰品上打转。如此一来，根本很难聊到知心话，所以如果是十分重要的事，就必须要借助电话才会有机会表达。

第二，在电话上能冷静地辩论、客观地评论对方的优缺点。特别是情绪容易激动的女性，在讲电话的时候，就能较有组织、合理地与他人讨论。

相对于男性只将电话视为传递信息工具的想法，女人却认为电话是沟通、商谈的工具。从先前的实验也可证明，电话比起当面会谈在沟通上更有效用。很多女性就是亲身体验过，所以才认识了电话这种超高的效能。至于无法了解电话功能的男性，我们只能说对他而言，真是一大损失。

有这么一则故事：松下电话的原社长山下俊彦先生，在他年轻气盛的时候，某天，突然与松下幸之助先生上起很大的冲突，在火冒三丈的情绪下，他回到了家里。没想到才到家不久，就接到松下先生打来的电话："刚刚我说得太过分了！您大概还在生气吧！请不要将我的无礼放在心上，今后还希望能多加努力！"接下来两人在电话中就能针对事情详谈了。

真不愧是松下先生，实在是太周到了。其实隔天两人还会再见面，有什么事到公司再谈就可以了。但明明知道如此，却还大费周章地打电话到对方家里，其中实在是大有学问。

情绪化的山下先生，用电话和他说，他才能冷静、正确地去理解松下先生谈话的内容。如果刚好打电话的时机又对的话，还会对松下先生做出正面的评价呢!

这一则故事在男士间广为流传，电话对生意也有意想不到的功效呢! 能了解电话这种功能的人，就一定不会再对女人间的长舌电话怀有轻蔑之意了吧!

女人的执著——她要更美丽、更优雅！

——越是美女越喜欢照镜子？

"魔镜、魔镜，请问谁是世上最美的女人？"

"当然是皇后您啊！"

这是童话故事"白雪公主"中，皇后与魔镜间的一段非常有名、经典的对白。

美国的大学，曾经做过一项实验，调查每个人在镜前揽镜自照的时间。

在大学校舍的某个地方，在走廊的墙壁上挂着长长的镜子，于是就利用它来进行这项实验。

不时通过镜前的学生，就被选做这次实验的被实验者。做实验的人就站在走廊的两端，借以测量每个人经过镜子前、会照多久的镜子，并同时评判照镜者外表魅力的程度如何。

结果发现，不论男女，长得愈漂亮、愈有魅力的人，揽镜自照的时间就愈长。"白雪公主"里的皇后是世界上除了白雪公主外最漂亮的人，也难怪她照镜子的时间很长了。

那么，为何肉体上愈有魅力的人，照镜的时间愈长呢？

首先我们可联想一下在希腊神话中出现的纳西瑟斯（自恋的代表）。美丽的人原本应看不到自己美丽的容姿。但在一次偶然的机会里，他看到了镜中的自己。镜子使他能够确认自己的美貌，为他带来了自信。或许这就是"白雪公主"里的皇后喜欢揽镜自照的原因吧！

以下这段话摘自报纸的专栏——

"比起很久才想照一次镜子的人，常常照镜者的表情和风格，能略作调查的可能性反而比较高。所以，随着照镜次数的多寡，人类呈现出来的风格不同也说不定。"

从这个理论来推断，照镜时间长的美女在照镜时，能看到自己的表情和风格，所以才能朝更有魅力的方向去做调查。这么说来，美人每照一次镜子，她就会变得更有魅力。

有一位服装设计师在她所著的一本书中，观察来做衣服的女士们，分析出女人照镜的次数和时间，可分成两种类型——

第一，对着镜子挤眉弄眼、变换多样表情、以各种不同的角度和镜中的自己交谈。这一类的女性会表现出对镜子的高度兴趣。

第二，别人不在时，才偶尔敢瞥一下镜子，属于腼腆类型，似乎不太喜欢照镜子。实际上，这一类的女性相较于第一类不停照镜的女性而言，应是对镜子怀有更深的兴趣才是吧！

时常留意镜中及玻璃窗上自己容貌的人，虽不一定就是自恋狂，不过至少可以确定这类女性可谓是强力关注个人魅力的人。

——女人往往因为一句话而彻底改变

日本作家宇野千代在她所著的《我的人生化妆史》一书中，曾经提到个人容貌与周围人评价的关联及外表对自身内在变化的影响力。兹摘录一段如下——

"自从在少女时代被别人批评为'肤色黑者'，我就一直不敢照镜子。

直到有一天，在烟气迷蒙的镜中，我才发现自己拥有'可爱年轻的容颜'。

于是从那天以后，我每日照镜无数次，并不停地告诉自己说：'我是可爱的，虽然长得比较黑，不过还是很可爱。'结果我真的改变了。"

不仅如此，"人生也会因化妆而彻底改变。"扑上白粉而变白的宇野，常会在耳际听到"美女"、"皮肤好漂亮"的赞美之词。

但是，她仍保有自知之明，明知道自己是"天生黑皮肤的人"，只不过拜化妆品之赐，得以成为"暂时的白皙美人"。所以"并不会被这些称颂之词给冲昏了头"，更不会因此而过度自我膨胀。

从小父母就叨念着："真像个小黑炭！长得这么黑，不知将来有谁愿意娶你？"但是事实证明，"我的人生并没有就这样被支配了，不是吗？"宇野女士这么写着。

宇野千代可说是切身体会到化妆魔力的人，但是对化妆品下的自我原貌，她却选择以自己的行动及意识去支配它。

"化妆"到底有怎样的魔力呢？举例来说，化着完美彩妆的女大学生，就能拥有使男学生改变意见的本领。

做实验的时候，分别让化着魅力彩妆与化着失败彩妆的女大学生，去向男同学陈述自己的意见（其实发表意见的女性是同一个人，只是化妆的方法不同而已）。在说出个人观点之前，还特地要求听的人说："拜托，请你一定要认同我的看法。"

结果果真不出所料，当女大学生化上魅力彩妆后，再来陈述意见的话，赞同她的男同学就会比较多。

即使同样身为女人，在化了妆之后，也会得到同性"有魅力"、"时髦"、"整洁"、"浪漫"、"温柔"、"舒服"、"不尖酸刻薄"、"落落大方"等善意正面的评价。

它只不过是化了妆而已，就能完全改变男性的印象。不仅如此，就连那名女性说的话，都变得大有说服力起来。化妆的力量真是令人敬畏啊！

相反的，如果连男人也化妆的话，不但不再为女人的装扮所迷惑，更能看穿女性的原始真面目。所以为了能清楚女人的底牌，甚至反过来迷惑她们，或许男人必须向化妆挑战的时代，就要来临了也说不定。

——化妆能给人自信吗？

"要我以真面目示人，我会觉得很害羞，而没有办法站在舞台上！"一位资深女演员曾这样说。意思就是化了妆，穿上表演用的服装后，人的自我意识就会改变，才能大胆无畏地行动。

曾以女大学生为对象，调查她们在化妆前及化妆后，个人意识及行动是否有所不同。

首先，让这些女学生们在大学的校园内，拦住路过的人，进行类似市场调查的"工作"。做完之后，下次特地请来专业人员帮她们化妆，然后让她们再做一次之前的调查工作。

结果发现，比起没化妆前、化妆后的女学生们在做市调时，身体会更接近受访者。虽然，当时调查她们个人感受时的回答都是"有化妆、没化妆，并没有什么差别。"

也就是说，大部分的人会以为"就算化了妆，心情上也不会起什么特别的变化。"可是，事实证明化了妆之后的人，在行动上表现出更愿意接近对方、更积极。

我们可以推测，这些女大学生之所以一反平常、更愿意靠近他人展开对谈，主要是在无意识的情况下，被"专业人员帮我化的妆，我一定比平常更漂亮！"的情绪所鼓动。

　　和他人谈话时所保持的距离，以及个人的最低需求空间，会随着个人心情的起伏，而有所变化。

　　例如，天性消极、内向的人，其要求空间原本就很小。而由于化妆的缘故，使人的言行转为积极外向的一面，于是就能更主动地去接近对方。

　　因此，我们可以发现，化妆——换言之，即外貌的改变——会对人的行动，甚至是意识产生影响，即使在本人毫无自觉的情况下也是一样。

　　更有趣的是，刚刚参加实验的女大学生中，有些人认为专业美容师化的妆"太浓了。"于是实验结束后，再问她们："要不要把妆卸掉？"结果，大部分的人还是没有卸掉妆，而是带着浓妆回家，大概自己也觉得，这样的自己比较具有魅力吧？

　　化妆之后，能令人感觉到自己很有魅力，并在行动上更显积极，这点我们已经知道了。此外，由于化妆使得自己的真实面目被隐藏了起来，所以这时隐秘性提高了，人就更能采取积极大胆的行动。

　　一开始介绍到的女演员，即因化妆而对自己产生自信，同时借由化妆增加了个人的神秘感，所以才能更从容地站在人生大舞台上吧！

——擦口红与不擦口红女性的心理

一年之中，口红卖得最好的时期，好像是在二月底到三月初的这段时间。迎接成人式、变成大人的人，会开始尝试涂口红，而想要换工作的人，她会随着心境及环境的改变，更换口红的颜色，所以，这时口红的需求就变大了起来。

身为动物行动学家的兹穆德·莫里斯曾提出：由于人改以直立的姿势生活的缘故，使得人的腹部变为正面，而正面的器官就会被用来作为展示性的工具。譬如，嘴唇被用来模仿女人的性器，而乳房则是模仿浑圆的臀部。同理可证，男性的鼻子是性器的表征，而下颚以及胡子等也可做出某种程度的比拟。

莫里斯的见解或许未免过于极端，不过就化妆而言，嘴巴确实是最引人注目的部位。也正因为如此，很多女性才会对口红青有独钟吧！

有一个与口红有关，十分有趣的实验。

实验的步骤，先让女学生和男学生闲聊十分钟，然后再询问男学生对女方有何印象，进行实验时，有半数的女生涂了口红，而另外一半则没涂。

结果发现，涂了口红的女性，虽然偶尔会得到"感觉轻浮"的反应，不过大体而言，涂口红的女性，她们得到的都是正面、善意的评价，例如"落落大方"、"懂得自我要求"、"诚实可信"等等。

也就是说，当女人涂了口红，就会给人一种"成熟女人"的强烈印象。

综合莫里斯的看法，我们可说，是口红使女性成熟、发育完全的一面被展现了出来。

虽然口红的颜色是以红色为主流，不过随着年代的不同，口红的颜色也会有些微妙的变化。根据资生堂化妆公司的调查，口红的流行色彩会反映出当季的时尚和生活形态。

举例来说，二十世纪八十年代前期，粉红的色彩渐趋落没，取而代之的是橘色及艳丽的玫瑰红。这时时兴的装扮是牛仔裤、T恤、披头、刻意营造出"颓废"的风格。这是一个标榜。

八十年代后半期至九十年代，"环保意识"抬头，在此风潮影响下，原本"追求美丽"的取向，改为"追求自然"，同时并主张女性在工作上应与男性齐头并进。

九十年代前半期，不管对口红、时尚，及生活形态而言，都是一个"多样化"的时代。之前"红色"受到百般的打压，几乎已到销声匿迹的地步，可没想到随着追求自己的风行，二十一世纪初红色开始绝地大反攻，成为最流行的颜色。

如此看来，口红不但能"让搽了它的人感觉起来成熟稳重"，更能积极地让人借它强调自我的风格主张呢！

——为何女人视发如命呢？

《生活记事本》一书的总编辑曾说："去拜访他人

的时候，一定要特别注重自己的头发和鞋子。"因为头发和鞋子，是决定他人印象的关键。

"一发二妆三衣裳"，这句话告诉我们，女人的美丽是从头发开始。针对头发所做的调查，竟然发现与头发有关的格言或信条有七十项之多。由此可见，自古以来，人们赋予头发的关心真是不在话下。

有一句说："女人的头发连大象也绑得住。"为了妻子而烦恼频生的男子，就好像脚被女人头发缠住而无法动弹的大象。这句话是用来比喻女人具有何等惊人的魅力（甚至可说是魔力）。

英文里也有句意思雷同的俗谚："女人的一根头发，可以拉动三匹头牛"，这句话除了告诉我们，头发本身是强韧的东西外，同时更指出，女性魅力的重点之一就是头发。

"梳整青丝后，教双亲也着迷"，虽然形容成双亲也着迷是失礼了点，不过由此可知，疏理整洁的头发肯定是人见人爱的。

换言之，总是保有一头美丽的头发，就能赢得他人的喜爱。所以头发是决定女性予人印象的关键，绝不是危言耸听。

不知你是否注意到，在神佛的背后都有光影作为装饰呢？这些称为光环或背景光束的光影，能让神佛绘像看来更立体、更突出、更庄严。因此一个称为"光环效应"的术语，就诞生了。

一般而言，当某人拥有某项很令人瞩目的特征（即光环）时，在此特征的彰显之下，这个人所受到的他人评价，就会比实际来得优良或比实际来得差。譬如，长得漂亮的女性，在他人眼中看来，很容易就产生品德良好、很有能力的印象。

搭电车时，如果看到一位发型经过精心设计的女性，通常我们就会猜想："等一下大概有约会吧？"而特别地注意她。很多人办理正事及参加重要场合时也会特意留心自己的发型。

因为大家都知道："一旦发型好看，整个人也都会跟着亮了起来"的光环效应。其次，拥有美丽秀发的女性，会予人"温婉贤淑"的鲜明印象，这也是一种光环效应。

很多女性就是因为深谙头发这种无与伦比的魔力，所以才会特别宝贝自己的秀发，这就是洗发精、护发液畅销的根本原因。

——喜欢华丽的女性心理

不论是服装或是化妆，都有调整人际关系的作用。例如，我们会发现患有精神分裂症的女性，会借着穿着华丽鲜艳的服饰来巩固自己的身体意境。

只有一项研究发现：对自己身体境界感到强烈不安的女大学生，会有穿着最新流行的服饰，借以引人注目的倾向。

费雪（身体意象学家）说："有些人出于对自身境界的不安，而穿着引人注目的服装。此乃借着鲜艳斑斓的外表，来达到强化自我怀疑的目的。"

一般人会以为，穿着引人侧目的服饰，不是更惹人注意？这样难道不会更加不安吗？这可以解释为：当这些人看到穿着鲜艳服饰的自己时，一开始就能够确定自己的身体境界早已被强化，所以就不再感到害怕了。

这么说来，平常总是盲目追随时髦。不穿跟不上潮流、落伍服饰的人，还有身上穿的、戴的，若不是名牌货就浑身不自在的这些女性，都可说是对自身身体境界感到不安的人。

其次，穿的衣服总要比人炫，戴的饰品总要引人注目的女人，也会对自己的身体怀有一份不安全感吧！

——美人的心绪总是起伏不定？

首先让每位女性对自己的容貌做评价，认为自己和别人比起来是属于上、中，还是下的程度。然后再调查每个人的生活适应能力。这是一项以全美中部的所有高二女学生为对象所进行的研究。

结果发现适应能力最好的人，是认为自己的容貌与一般人相同的女性。

另外，自认为长得比别人好看或长得比别人丑的女性，其中有很多的人的生活适应能力都不甚佳。

所以，尽管有人长得很好看，可是她本人却仍然十分心虚，这很多是因为她怕被嫉妒，或成为被攻击的对象！

在生活周边如果有很多和自己相同的人，那我们就更能够增加自我评价的可信度了。

这种能够对自我评价抱持确定态度的现象，称为——"社会性真理"。

社会性真理愈强势，自我评价的稳定性愈高，日常生活的适应能力也就愈好，人际关系方面也都会是比较理想的。

认为自己是中等美女级的女性，由于生活周边有很多人可供比较，因此自我评价的稳定性愈高，连带地适应的能力也就跟着提升了。

但是，身为美女的女性，由于可和自己比较的人少，所以她就不太能确定自我的评价，为了使美人与"社会性真相"高度相合，这时常常赞美她："你长得好像林志玲……"就变得十分必要了。

第三章

让我们来玩这些游戏……
这时，就可以看出些许端倪了

［A］因为看不出来，才更想一探究竟!

—— Q 1　公园的坐椅
　　　—— 潜藏于心灵意象的愿望

在公园散步的时候，发现如图所示的坐椅，不过当时并没有任何人坐在椅子上。

现在请你替这张椅子添画上一男一女坐在上面的景象。

你可以画，在两端各坐各的；也可以画在中间两个人靠在一起，随便你

怎么画！

——Q 2　一封来自女性朋友的信
##　　　——上面写些什么呢？

回到家之后，发现在书桌上躺了一封信，是一位认识的女性写来的信。

在拆信之前，你似乎有点迟疑。这时你的心境，应该是下面情况中的哪一种呢？

A.该不会是通知我——"她已经结婚了！"吧？

B.信上可能写着："我星期六会上台北，想顺便见一面。"

C."有一件事，想要告诉你！"或许是来诉苦的吧！

D."身体不好，正住院治疗中。"可能是向我报告这类近况吧！

——Q 3　拍纪念照
——你会站在她的哪一边？

有一次去郊游，利用照相机的自动拍照功能，想要拍下与她一起、单独两人的纪念照片。

将时间设定好后，就得马上飞奔到她的身边。

这时，身为男性的你会站在她的哪一边呢？站在她的左边好呢？还是右边呢？

——［分析］ＡＱ①——你的潜在愿望是？

看到空无一人的坐椅，因人而异，有人会描绘出"寂寞的情景"，有人则会想象出"快乐的景象"。从椅子而生的联想及隐含的寓意，就可看出每个人对事物的感受方式都不相同。

其次，从椅上男女的坐姿也可判断出这两个人彼此之间的关系。此即所谓的"肢体语言"。以此为线索来解读人际关系非常有帮助。

A.在椅子的两端，各别画上一男一女。

这类人对异性不感兴趣，是孤独的人类。总感觉在自己和他人之间，有一条肉眼看不到、无法跨越的鸿沟。心灵意象呈现杀伐之戾气。

不过，在画出这种画的人中，有些人可能是因追求异性的欲念太强，反而导致自己不敢接触异性，落得孤家寡人的下场。这即是一种反向的行为。

而通常在其所绘的图上，很多人还会在男女中间画上包包或外套等物品。

B.在椅子上画出一对男女挨坐在一起。

会画出这样情景的人，表示他非常期待与异性发展出新的人际关系。我想他心中联想到的，应是双人坐椅上喁喁私语的情侣吧！

请再更仔细端详您所画的，是否发现以下的特征呢?

①二人的身体非常接近，中间几乎毫无空隙。这种画表达出"想要有个亲密爱人"的强烈愿望。

②虽然两人的身体颇为靠近，不过却又在中间加上皮包、纸袋、外衣等物品。画出这种图的人，可见他对异性怀有潜在的不安感，害怕自己与对方过于亲密，因此在两人之间描绘出障碍物。

③两人之间还保留些许空位，不过彼此的身体却是面向对方的，这表示对异性持有强烈的好奇心。

特别是描绘出的男女，其姿势若有如镜子投影般的一致（如照镜一般，自己的姿势和对方的完全相同），则是暗示作画之人想与某位异性更加亲密的心态。

——［分析］ＡＱ②——突然发怔时的心理

收到料想不到的人寄来的信，一般人都会在拆信之前，有个"不知是怎么回事？"的犹豫念头吧！

这个时候，人通常由于自身的不安全感或者是预期心理，而做出坏的或好的判断。

选A、B的人，凡事总往前看，往好处想，是属于乐观的典型。

选A的人，会马上猜是朋友结婚一事，可说是乐天、快活的人。但是，如果同时又有"这次可能又被朋友领先一步"想法的话，也表示出其好强、嫉妒心重的一面。

选B的人，做出的判断是"因为有事，所以先捎封信来"的合理思考。由于所猜想的是与朋友会面有关的事，所以这类人可说是亲切友好、善解人意的类型。

答案选C、D的人，想象到的皆是灰暗、负面的内容，是属于凡事往坏处想，喜欢钻牛角尖的类型。

选C的人，猜想朋友或许要他诉苦，这类人平日总是因他人的言行举动，而感到惴惴不安，可说是天生的"劳碌命"，不断为他人忙碌奔波，个性上显得软弱、温和。

选D的人，想象信的内容告知病情，这类人十分为对方设想；不过或许也暗示出自己对个人的健康怀有潜在的不安感吧！

──［分析］ＡＱ③──你会被老婆欺负吗？

对一般人而言，在印象中总感觉，右边是男生的位置，而女生在左边。

自古在礼俗上即有规定，面对玄关的方向，左侧的位子是上座、而右侧则为下座。此外，在以前的政治上，左大臣的位阶总高居于右大臣之上。因为就居中的在位者（主事者）而论，在他右边的位子才是好位子。

这么说来，空间上是左是右，其意义大不相同。事实证明，主角右边的位置，乃是最具权势的宝座。

A.站在女朋友右边的他，自然地就让女朋友变成站在他的左边。拍好的照片拿来一看，他是在照片左边，女朋友则在照片的右边。

特意站在女朋友右边拍纪念照的男性，潜意识中是想要保有优于女友的地位，借以取得领导主控之权柄。这种人可说是未来沙猪（大男人）的候补人选。

B.站在女友左侧的他，是永远将女友摆在第一位的女权主义者。结婚之后，大概就会变成受老婆欺压的老公吧！

［B］本来看不出的事，竟突然能看到了！

——Q 1　初次约会
　　　——快速洞悉她的心意

事情发生在男女双方的第一次约会。原本两人并肩走在街上，没想到走着走着，突然路的前方出现好大一个水洼。

这时，你想身为女方的她，会采取A～D中的哪个行动呢？

A.接近男方的身体，两人一同避水而过。

B.和男方分开，两人分别绕水
的两侧而过。

C.转到男方身后，跟在他的后
面行动。

D.等到男方有所指示后，才避水而过。

——Q2 和她约会的时候
     ——选在哪一张桌子等她？

两人相约在咖啡馆中，
眼看时间一分一秒飞逝，却
迟迟不见伊人芳踪。

如图所示，这时店内
摆了这些椅子。如果是你的
话，你会选择坐在A～C的哪
一张桌子来等她呢？

——Ｑ３　她的选择
　　——解读对方的心理

在咖啡厅里，坐在如图所示的位置上等候情人的到来。后来才到的他（她），会选择坐在哪个位置上呢？

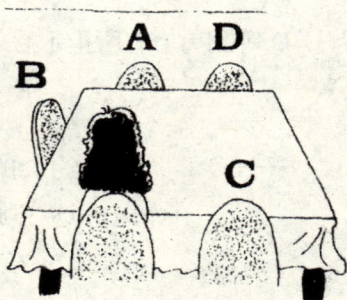

——［分析］ＢＱ①——她对现在的你抱持何种印象？

根据调查，当一对情侣走在街上，碰到无法横越的障碍时，约有百分之八十的人，会彼此挨近再一同避过。

相对的，同样的状况，当两人同是女性时，会有如此举动的几率是百分之六十二，同为男性时，则下降为百分之三十八。换言之，当男女之间越是亲密时，他们就越不想和对方分开。

答案是A的女性。能很接近地去碰触对方的身体，可见是个积极、活泼的人。虽是初次约会，却感到不可思议的亲切感，此即是喜欢对方的证明。

答案是B的女性。遇到障碍马上就与对方分道扬镳，可见这种人自立心强、精神上颇为理性。不过，和对方之间，总感到心灵上有段距离。是否要答应他下次的约会，还在考虑当中。

答案选C的女性。躲到男方的身后，可见在个性上应属压抑、被动类型。对男性的态度趋向保守，若对方追求得不够积极的话，彼此的情感大概很难更进一步吧！

答案是D的女性。等待对方有所行动后，才敢行动，这类人个性消极、永远等待别人下达命令。不敢拒绝别人的约会，总是盲从男友的言行，像只无头苍蝇似的飞来飞去。要小心的是，虽然你一心一意想要成为他心目中的理想女性，但却因而反遭嫌恶也说不定。

—— [分析] ＢＱ②——他的真实性格？

从选择的桌子可以看出，他是什么性格的人，希望以何种方式和女方交往。这些只要以接近学的理论加以推断，就能真相大白。

选择Ａ——圆桌的人，是属于"公正、喜欢关照别人，亲切又能接受各种意见，心胸开阔的人。"

在这张桌子等待女友的他，希望成为对方无事不谈的对象。因此在相处时，会偏好两人像朋友般的交往方式。

选择Ｂ——方桌的人。看得出来是属于"权威主义、攻击性较强"的类型。

在这张桌子等待女友的男性，会一边等一边埋怨着："让我像呆瓜一样地傻等，真不可原谅！"或是"等她来了，看她有什么话说！"

这种人需要的女性是凡事都听他的，对他要体贴入微，以他为主，为他而活的那一种。两人如果正面对着面说话，自然目光迎合的几率增加、紧张感也就升高了。选这个位置的男生，会一边盯着对方一边发表言论，其支配欲望之强烈自不待言。

选择C——并排座位的人。表现出"热切亲密、开放、合群"的个性。

在这个位子等待女友的他，心里希望彼此的关系能够更加的亲密。因为坐在这种位子上，互相碰触身体的机会有很多，所以比起语言，身体上的沟通将更为频繁。

这种人寻求的女性是要能令他在相处时感到安心，偶尔能向对方撒撒娇，具有母性特质的人。可说是等待真实恋情、亲密欲求颇高的男性。

—— ［分析］ＢＱ③——可能有重大的事要商量！

座位的选定，会视自己与对方的关系，及两人谈话的目的为何而有所决定。根据"接近学"的研究，我们得知：和他人相处时，我们对空间的运用方式、将影响彼此间的人际关系。

坐在A的位置上，两人的视线很容易相遇、相形之下对立的气势也会浓厚起来。设想对方会选坐这个座位的人，不知怎的总觉得很紧张，面对人时会有不安的感觉。

"或许要向我进行爱的告白吧"、"难道想跟我谈分手的事？"、"这次约会如果失败了……怎么办？"——心理上会做类似以上的推想。

B座位，在闲话家常时常利用。预测对方会坐这个位置的人，应是以"只不过是朋友"的感觉和对方相见吧！

C座位，呈现出互动的意向。心想对方会选坐这个位置的人，心中应有"已是情侣的感觉"。这种位置可让身体的互相碰触更方便，进而强化彼此"共生一体的意识"。

D座位，表示出两人疏远的关系。猜想对方会坐这个位置的人，在心理上认为彼此之间还有一段很大的距离。对两人的关系没有自信，不抱乐观的看法。也有可能是因为自己本来就讨厌对方吧！

[C] 窥见不可思议的自己！

——Q 1　前途
　　　——等着你的是惊喜？还是悲怆呢？

假设你一个人现在正驾着独木舟，顺着激流而下。猜猜看，在这条河的尽头，会是怎样的一幅景象？

请凭直觉从以下四个回答中任选其一。

A.前方出现一个很大的瀑布。

B.眼前乃一望无际的汪

洋。

C.进入峭壁耸立的幽深溪谷中。

D.受困浅滩，独木舟动弹不得。

——Q 2　自动贩卖机
——你的行为模式？

到车站的自动售票窗口买票的时候，你会有怎样的行为举动呢？请按照以下四个步骤，逐一回答问题。

画面1　准备排队的时候……

A.选择排在距离自己最近的队伍后面。

B.先观望哪一排队伍人最少，然后才去排在那队的后面。

画面2　站在队伍中的时候……

A.不时观察其他队伍的状况，看到移动速度较快的队伍，就马上转移阵地。

B.安分地站在自己的队伍中，依序排队购票。

画面3　付钱的时候……

A.在排队的时候，老

早就把钱准备好。

B.轮到自己买票的时

候，才开始掏钱。

画面 4　投币买票的

时候……

A.眼睛转也不转地直

盯着车票出来。

B.车票还未跳出之前，就先将身体移到一旁以方便

下个人购票。

——Q 3　性格是内向或是外向呢？

　　　　——依照真实的想法画个图看看。

请画一部协力车的侧面图，用简单的线条画出来即

可。

——Q 4　寻找的路径
——遗失了的球

在一张好像正进行棒球比赛的插画中，球掉进了一个用高墙围起来的广场。在进入广场处之后，看见广场中央长满了和人一般高的杂草，看不到球在哪里？

若在这个广场中走一走，一定可以把球找出来，但是走怎样的路径会比较好呢？请在

下面的四个图画中，选择一个你可能会走的路线。

—— Q 5　楼梯的玄机
　　　——你的心情景象

请看一下插图里的楼梯，看的角度不同，楼梯就会变成从下往上看时的样子，相反的，也会把楼梯看成是呈现由上往下看时的样子。

你看楼梯是怎么样的呢？请在A～D的叙述中选一个答案。

A.正要上楼梯，站在楼梯下往上看。

B.刚刚下完楼梯，从下往上看。

C.正要下楼梯，在楼梯上往下看。

D.刚爬完楼梯，在上面往下看。

——［分析］ＣＱ①——你的思考方向与将来的关联？

有一种心理测验是让受试者看图说故事。虽然看的图画完全相同，但每个人的诠释却都不一样。原因是在解读图画的同时，看画的人深层心理也被反射了出来，所以才会有千奇百怪的各式答案。

这个约会就是用来测试你对自己的未来及命运，到底抱持着何种想法。

答案是A的人预想："前面有瀑布，十分危险！"性格上倾向于凡事都往坏的地方想，是个彻彻底底的悲观主义者。

不过，总是抱持着"不怕一万、只怕万一"审慎想法的他，在危急的时候还真是靠得住。只是难免会给人枯燥乏味，冥顽不化的印象。

答案是B的人，凡事总是预想："眼前为平静无波的大海"，碰到事时往好的方向想。心中以为"只要这样走下去，一定能达到目标"，是个不折不扣的乐观主义者。

实际的状况却是在到达目的地之前，可能中间还有急瀑也说不定。但这种人却完全不考虑不测之事的可能性，一副"拼命三郎"的姿态，其言行大概常会令周围的人感到不安吧！

答案是C的人，心想："可能还会碰到危险吧！"能慎重地去评估整个事情的经过，是属于沉着冷静的典型。

答案是D的人，抱持着"一旦误入浅滩，就进退两难"的想法。在还没做之前，就已先预想好未来会碰到的瓶颈。这种人说他悲观还不足以形容，确切地说应是杞人忧天、多苦多愁的忧郁典型。

再换个角度想，如果前面是浅滩的话，不就什么危险都没了吗？这样看来，这种人的思考方式也趋向平淡、无趣的一面，所以会给人保守、无创意、一成不变的印象。

——［分析］ＣＱ②——能以自己的步调生活吗?

人在日常生活的各个场合，会监控看管（monitoring）自己（self）的行动，然后再因时机的不同，做出合宜的判断，这种行为称为self—monitoring（自我监视）。

自我监视倾向高的人，会非常在意自己的行动是否能合乎时宜。相对地，这种人个性的特点就是很容易被他人的行动所左右。

现在，让我们就以到自动售票机买票的情境，来测试一下你的自我监视倾向吧!

从画面1到画面4，如果你答案的顺序就是B→A→A→B的人，表示出你的自我监视倾向非常高。平时会十分在意"能够愈早愈好"，及"不要造成他人的困扰"等这些事。

这种人会将自己的成功或失败，归因于"个人的实力不够"，或是"自己的判断错误"，因此在排队的时候，如果自己所排的队伍速度很慢，就会认为是自己"高估了这边"而改换到其他排去。

答案顺序是A→B→B→A的人，自我监视的倾向很低。这种人做什么事情都以自己的步调慢条斯理地进行，完全不在意他人的举动。

做事能否顺利，他会认为受机遇所限、非自我能够掌控。因此，虽然目前排的队位移动的速度奇慢、不过或许等一下就突然快起来了也说不定，所以他不会想要去改排其他的队伍。

——［分析］ＣＱ③——勇往直前地过活吗？

在描绘人物、动物、交通工具这类图画的时候，会随着人的不同而画出右侧面或是左侧面。根据某项统计资料显示，画左侧面的人有九成，而画右侧面的人只有一成。

用右手画图的时候，因为画左侧面比较容易，多数人会偏向画左侧面的情况是可以理解的。因此，惯用右手的人无意中会有左侧面是面向外的一边的这种印象。

A——惯用右手的人画出的图是右侧面时，此人多为性格内向消极的类型。说不定时此他正抱着一个问题，自己一个人正在烦恼呢！

B——惯用左手的人画出左侧面时，此人多属于性格外向、个性开朗的类型，遇到什么事他都会勇往直前。

—— ［分析］ ＣＱ④——你目前的精神状态如何？

这是一个精神年龄十一岁程度，具有暗示启发性的智能测验问题。它有标准答案，回答此答案以外的人，智能的评断即为不良。

这个问题其实是为了审查你自身目前的精神状态。是否处于挫败、欲求不满，相信由这个测验即可得知。

A.是纵向的路径，选此路径的人，感情比较稳定，会自我控制。心中肯定目前的自己，凭着自己的理念过着自我控制的生活。

B.是横向的路径，会选择此路径，表示此人心中有着强烈的要求或是欲求。这也反映出他正遭遇挫败，无法顺利地适应目前的生活。

C.是绕圈的图形路径，选择此路径就表示此人心中感到满足、喜悦。

表现出此人心中有着"一切都顺利地进行着"的充实感。

D.是杂乱的路径，选择此路径表示此人正濒临感情将要爆发的状态。

他认为找这颗球是白费力气，是不合常理的。此人缺乏冷静，缺少创造力。

—— ［分析］ＣＱ⑤——对前途感到不安吗？

这是一种所谓"正反对调"现象的插图。虽然这个楼梯其实可以看成由下往上看，或者是由上往下看，二者皆可，但应该会有人坚持"是由下往上才对"，或是相反的"由上往下看才正确"。

看到的景象为何，是受当事人目前的心境所左右。尤其，将此图看成已经爬完的楼梯，或是看成现在开始必须爬此楼梯的人，这个测验是对此人未来的一种预测。

看成从下往上看的景象（A、B），暗示着此人想要向上的意向。

回答A的人，因为从今天起要进入新的世界，所以感到斗志旺盛、充满力量。对任何事，他都会勇往直前。

回答B的人，是在回顾过去，确认自己经历过的一切。要是太过于沉溺在过去的成就里，也许会让自己迟迟无法适应目前的环境也说不定。

看成从上往下看的景象，暗示着此人心中的漠不关心和不安。

回答C的人，对今后要迈入的世界有些许的踌躇之感。此刻他正在思考着之前的种种，心中被各式各样的忧心事所占据着。

回答D的人，让人觉得他强烈地想要反省自己至今所做的一切。

　　对自己正在做的事没有自信，对今后的前途也就会
感到不安。

［D］更进一步看清独处时的自己

——Q1　男人喜欢的女性
　　——探索男性的深层心理

请回答一下夏天海岸边的景象。在那里，有一位穿着高叉泳装的女性。

从她的脚部开始，请想象一下这位女性的体态。

接着，请照着A～D所列举的项目，判断一下这位女性脚部、臀部、胸部、全体的大小。

A.脚的部位是大呢？还是小呢？

B.臀部是大而突出呢？还是小而结实呢？

C.胸部是大而丰满呢？还是小巧可爱呢？

D.总体的身材是高挑？还是娇小呢？

——Q 2　出人头地之事
——你的行动类型是？

假设在如下图所绘的
会议桌上进行商议，请在
A～E中，将你自己和与你
较亲近的人的名字填入。

——Q 3　个人势力范围
——你会在哪个位置如厕呢？

当进入男生厕所时，如果是你，你会使用哪一座小便池呢？或者你想如果是你的他，会使用哪一个？

——［分析］ＤＱ
①——胸部和臀部大的一方较好？

从男性喜欢的女性类型，可以得知男性的深层心理。男人心中理想的女性身型大小和其深层心理有某种关系存在。

例如，喜欢丰胸、翘臀、身材高大女人的男人，是属于运动家、野心家的类型，不过，他也有怀疑他人，以及自卑的倾向。相反的，喜欢女性胸部、臀部小巧、身材娇小的男性，对运动没有兴趣、内向而有耐心，但有自我表现欲望强烈的倾向。

——［分析］ＤＱ②——习惯当个好的领导者吗？

我们知道Ａ和Ｅ和Ｃ的座位容易取得领导地位。而Ｅ的座位是靠近房间出口的末席座位。Ｄ亦同。

Ａ座位是工作第一型的领导者所喜爱的座位。坐在Ａ位置的人会发挥强烈的领导能力来决定工作方针，会用奉承的方式来激励在座的其他人。

重视人际关系的领导者，喜欢坐在Ｃ的座位上。坐在此座位上的人，会真心地和在座的人交换、沟通意见，并与之协调。

从选择座位的方式，可以预测你自己和你要好朋友的成功程度。成功的可能性，以座位Ａ→Ｃ→Ｂ→Ｄ→Ｅ的顺序排列下来，呈递减状态。

例如，如果在Ａ写的是你的名字，就可以预测你自己将会是朋友中最成功的人。

"他的前景如何呢？"有这种顾虑的女性，这时，

就请选择一个他应该会选的位置，从这个位置，应该就
可以预测出他成功的可能性了。

——［分析］ＤＱ③——人的器量如何？

我们知道在男生厕所中，如果旁边正好也有人同
时在小便，小便的时间就会比自己独自一人时的时间要
短，而且会尽早草草结束。

这是因为个人范围被他人侵入的结果。

因此，大部分的人会选择比较不会受他人干扰的两
端位置如厕。虽然没有和女厕有关的资料，但在个别空
间的场合时，大概也会和男厕的选择原则相同吧！

位置A——喜欢最靠里面位置的人，是属于自我防卫
类型。虽然这个位置最能确保自己的私人范围，但反过
来看，也给人自我封闭的感觉。

位置B——喜欢正中央位置的人有独占厕所，防止他
人入侵这种一夫当关的性格。可以说是抱着想要尽可能
扩大自己私人范围这种想法的人。

　　位置C——喜欢靠近洗手台的人，是一个不介意他人行动，只要方便的人。我们可以说这种人的性格是属于不在意人际关系、私人领域如何的那种类型。

［E］和看到的不一样!

——Q 1 睡眠姿势
　　　——对她有何期望呢?

你有想象过她睡觉时的姿势吗? 或者, 你喜欢采何种姿势睡觉的女性呢?

请你想象一下她的睡姿, 然后从附图的 A ~ D 中选择出最类似的一个。

——Q 2 　爱你的程度
　　　　——是讨厌？还是喜欢？

这个女性的眼睛没有画上瞳孔、请
你凭着她在你心中的印象，在图上画出
和她一样大小的瞳孔。

——Q 3 　理想中的男性
　　　　——外形表现性格？

请画出你心中理想男性的全身人像。脸部要特别明
显，并仔细描绘眼睛、鼻子以及嘴巴的形状。

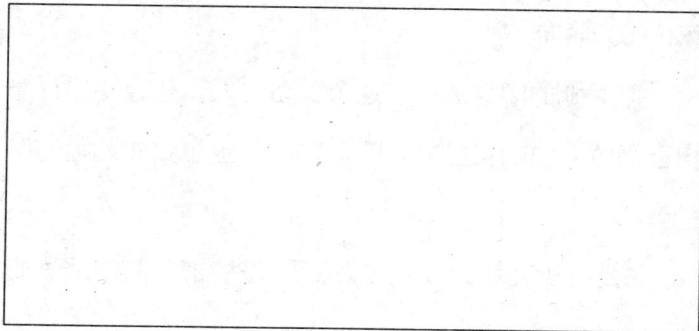

—— [分析] ＥＱ①——你对她有何期望呢？

在精神分析师莎谬尔·丹凯鲁所著《ＳＬＥＥＰ ＰＯＳＩＴＩＯＮ》（睡眠姿势）一书中，说明了人类睡眠时的姿势和其性格的关系。我们就以此书为参考依据，探讨一下你在潜意识对她的期望。自己的睡姿也可适用此一方法。

Ａ是胎儿型，就是将脸部和内脏埋起来，呈现蛋形的睡觉姿势。因为如同胎儿在母亲腹中的姿势，所以称为胎儿型。

以这种姿势睡觉的人比较自我封闭，无论何时都希望能受到他人的保护。尤其他对幼时保护自己的人有持续依赖的倾向。

以对她的印象选择了这个类型的人，是想要那种对自己撒娇、依赖自己的。而你自己，也想要成为她的保护者。

Ｂ是半胎儿型，就是横卧、膝盖稍稍弯曲的睡眠姿势。惯用右手的人是右在下方，而惯用左手的人是左侧在下方。这是胎儿型睡姿的变型。

用这种姿势睡觉的人，有平稳安定的人格，让人有安全感。不会有不必要的压力感存在，可以技巧地处理各类问题。

凭她在心中的印象选择了这个类型的人，是想要那种平凡、让人安心的贤惠女性。希望她是一个可以商量的对象。

C是趴睡型，就是独占床位的睡眠姿势。以此睡姿睡觉的人，一旦身边发生的事不是以自己为中心，他就会感到不对劲。他有那种会细心注意周边事件，并把它记录下来的性格，对预料之外的事感到厌恶。

以她在自己心中的印象，选择了这种睡姿的人，会喜欢那种什么事都自己利落地解决、积极、活泼，甚至可以说是好胜、一丝不苟的女性。想要她能像母亲一般保护自己。

D是王者型，就是仰躺的睡眠姿势。

以此姿势睡觉的人，性格稳定、自信心强、有开放柔和的心。在集父母关注于一身的情况下成长的人大多属于这一类型。

以她在自己心中的印象，选择了这种睡姿的人，喜欢可以轻松愉快交往、开放、活泼的女性。希望她能像父亲一样可以托付事情。

——［分析］ＥＱ②——眼睛常常会说出真相！

瞳孔在明亮处会变小，相反的在暗处会放大。然而，除了这种生理性的反应之外，我们知道人在看到感兴趣、感动的事物时，无关明亮与否，瞳孔也会放大。

因此，当在和自己喜欢的人谈着感兴趣的话题时，瞳孔应该也会变大才对。

此外，瞳孔呈放大状的人，也会给人值得信赖、快乐健谈的感觉。

Ａ——在白眼球中描绘出大大的瞳孔的男性，有"她爱着自己"的感觉。对她十分信赖，迷恋着明亮、开朗、健谈的女性。

B——在白眼球处画小瞳孔的男性，有"她不会不喜欢我吧！""她不会认为我们之间只是普通朋友吧！"的这种感觉。对今后二人关系的发展感到相当不安。

——〔分析〕ＥＱ③——从身体特征可以看出端倪！

从身体各部位可以得知如下的性格特征。请参考下文，将你所绘之心中理想男性的影像给引导出来——

〔脸型〕

大脸——积极、容易亲近、不聪明。

圆脸——积极、心胸宽大、让人觉得舒服、亲切、不聪明。

额头宽广——积极、心胸宽大、有责任感、让人觉得舒服、有智慧、性格外向。

〔眼睛〕

眼睛浑圆——积极、心胸宽大、容易亲近、亲切、性格外向。

眼睛下垂——心胸宽大、容易亲近、不够积极、不聪明。

眼睛大——积极、心胸宽大、容易亲近、性格外向。

〔鼻子〕

鼻子高挺——有积极的判断力、有主见、有智慧、不易亲近、不亲切。

鼻子小——有智慧、不积极、心胸不够宽大。

鼻子笔直——给人的感觉舒服、容易亲近、有智慧。

〔嘴巴〕

嘴巴大——积极、心胸宽大、个性外向、没有判断力。

嘴唇厚——心胸宽大、有责任感、亲切、不聪明。

牵引着嘴角微笑——积极、有判断力、有责任感、有智慧。

〔体格〕

肥胖型——心胸宽大、给人舒服的感觉、容易亲近、个性外向、不聪明。

　　高挑型——积极、有智慧、难以亲近。

　　骨骼型——积极、心胸宽大、有责任感、容易亲近、聪明。

第四章

肢体语言代表的信息
解读微妙心理的动作……

喜怒哀乐的心理——请注意这个动作、这个举止

——读出他的感情变化、心理活动

要掌握住人的情绪，只要仔细地聆听对方说话，对其感情的变化也有高度的敏感性。

然而，大多数的人都会留心不让感情表现于脸上，这时，就很难掌握住他的感情变化了。

感情不只会表露在脸上，也会表现在全身的动作上。

特别是要得知对方不好的情绪，注意他的身体动作，比注意他的表情变化更容易些。

1.愤怒——在愤怒的时候人的头和脚的动作会很多，但手部动作却很少。有这种明显的变化时，而且对方慢慢地缩短你们的距离，非常接近你的时候，就是表示他在生气了。

2.恐惧——对方感觉到害怕的时候会和在说话的人保持一段距离，并且会和说话者的视线相对。从远处仔细地盯着他看。

3.暗藏敌意——在人含有敌意而想在谈话中将其掩饰的时候，他会双手抱胸，触摸自己的身体、搓揉自己的身体，"留意、关心自己身体"的动作也会有很多。

4.担忧——在人担忧的时候头部的动作会变得较少，而脚部的动作则会增多。

5.压力——在有压力的状况下，当对方谈论会使自己动摇的相关话题时，身体的动作会增加，肢体语言也会跟着变多。

6.悲伤——人在感觉悲伤的时候会以快速的步伐接近对方，而视线却会刻意回避掉。

——可以了解其品格的手势表现

说话时很自然地会带些手势。事实上一旦说到忘情处，连手势都不会加以留意是普通的事。然而，手势对听者而言，是传达说者品格的情报。

拍下说话者的手部动作以其为评价的根据时，随着手部动作的不同，对说话者的印象也因而不同。

1.双手握拳、摸索把玩东西的人，被认为是活泼、有企图心的人。

2.手部呈容器形状的人好像在向他人乞讨似的，因而总被认为是被动的人。

3.两手下垂的人被认为是软弱、柔顺、内向的人。

4.两手向身体外侧挺出的人，被认为是不成熟、无自制力、容易冲动的人。

特别是在多数人面前发言时，这些手部动作常常可以看见。

在只有两个人的交谈情况下亦同，若能了解上述的几个要点，就能够从对方的手势，得知此人的品格了。

——从手势解读情绪

说话时他是否经常挥动他的手呢？手的摆动是一种为了掌握说话节奏的习惯。然而，从这些手部摆动中，就可以解读他令人意想不到的内心深处。

手部姿势就是手势。英国的动物行为学家特兹蒙多·莫利斯将人类这些手势分成了十五个种类。在此介绍其中较具代表性的几项——

1.朝空抓物——这是一种手心向上、手指略弯、抓向空中的手势。这表现出他"虽想掌握她的情绪，却不能如愿"的这种为难。

2.握拳——双手做握拳状的他，多为优柔寡断的人，这手势是为了要让她深信"自己是个意志力强、有决断力的人"所做的一种示威行为。

3.手部动作明显——在说服他人时出现这种手势，是因为认为对方聪明又有自信，所以要提高说服的效果。

在说话时手部动作明显夸张，表现出他"无论如何都想说服她"的心态。

——脸的哪一个部分会泄漏出感情呢？

当心里产生了"好高兴"的感觉时，这个情绪会在表情和动作中表现出来。一般而言，虽然感情容易由表情显露出来，但随着种种情感的不同，易表露其感情的脸上部位也就不同。

画一个脸，将脸部分成"额头眉毛"、"眼睛眼睑"和"鼻颊口"三部分，以调查哪一部位容易表现出情绪的研究。其研究结果如下——

1.恐惧和悲伤时，由眼睛和眼睑部分看出的正确率高达67％。

2.感觉幸福时，由双颊和嘴巴的部分看出的正确率达98％，若再加上眼睛眼睑部分的话，则为99％。

3.惊吓时，由额头和眉毛部分看出的正确率为79％，眼睛和眼睑部分则为63%，双颊和嘴巴的部分则为52%。

4.愤怒时，由三个部分看出的几率各为30%。由此得知，不由整个脸部来看的话，是很难看得出愤怒的。

——无法得知对方情绪时就请注意他的左侧脸

和男女朋友说话时，不是常有即使看着他的脸也无法得知他内心感情的时候？这就是因为模糊不清地盯着他整张脸看的缘故。

举例来说，试着约会看看只用脸的一边做成一张合成的脸部全照。这时就可以感觉出来只用左半边做成的合成照片中的人，比用右半边做成的照片中的人，表情还要更为明显些。

总而言之，因为人的表情在左半边脸部表现得较为明显，所以我们难怪会有"留意他的左半边脸就会比较容易得知他的感情"的这种说法。

人在左右都有人的时候，会有倾向容易留心右边的习惯。因为在一边谈话一边见着他人的时候，会比较常面向自己右边脸的那一方（对方的左边脸）。

从这个道理出发的话，因为人容易对对方的左边脸加以留意，所以应该就可以清楚地知道对方的表情，对他的感情也就比较容易了解了。

如果不管怎样都无法得知恋人的感情，这是因为无法用冷静的心去面对、观察对方的脸所造成的结果。这可以解释成"恋爱是盲目的。"

——解读性格①——用声音判断性格

只听声音，就可以很正确地判断出对方的年龄、社会地位，以及性格等等。举例来说，从听到的声音来做对方性格的判断，有下列几个要点：

1.声音平板——男女都一样，被认为是比较男性化、没有感情、冷淡、想法消极的人。

2.声音明朗——男性被认为是精力旺盛、健康、高尚、风趣、热心的人。女性被认为是生气勃勃、善于社交的人。

3.说话速度快的声音——男女性皆同，被认为是生气勃勃、善于社交的人。

4.声音抑扬顿挫明显——男性被认为是有精力的、较女性化的、有艺术家因子的人。

女性被认为是精力充沛的、外向的人。

特别是在初次以电话交谈的时候，因为声音会透过电话向对方传达自己的品格，因此不仅是措词用句，对说话时发出声音的方法、语调也要注意。

——解读性格②——由下颚的角度判断性格

和女孩子说话时，仅仅改变下颚的角度，她对你的印象就会跟着改变。

在镜子前面把下颚扬高、缩起来看看，应该就可以知道其中的差异了。

一旦下颚抬高就会变成挺胸的姿势，变得让人觉得很值得尊敬。然而相反的，一旦缩起下颚，背部就会拱起，给人一种软弱、阴沉的感觉。

以进化论著名的达尔文说过动物以缩小自己的姿势来传达退让的意图，以压抑、减除对手的攻击举动。相反的，抬高下颚当然就是为了让自己看起来更强更大，以此来威吓对手。

说话时习惯下颚抬高的人，是想让自己看起来较尊贵、较伟大的类型。他拥有高度的自尊心，对你有自我优越感。随着场合的不同，有时会对你予以否定，有时会对你存有敌意。

说话时缩起下颚的人气量小，是总想让步退缩的类型。他会防卫自己对你敞开心胸，对你说的话也会有所猜疑。

——解读欲望——由脚可以得知她的欲望

女性伸长着修长双腿，若无其事的跷腿之态，吸引着男性的目光。然而不知你是否有察觉到这一双腿上有着种种的变化？

　　参考社会心理学家安杰尔的解释，从女性双腿的交叉姿势，可以解读出她的心理如下——

　　1.双腿紧紧地交叉着——这是处于自我防卫较强、自我封闭状态的表示。这时若加上挽起手臂的动作，那么她的警戒会是非常牢固，要说服她是一件十分困难的事。

　　2.故意跷腿给人看——这个姿势传递了想和对方进一步交往，等待对方邀约的信号。这类的女性一定会积极地进击。

　　3.双腿靠拢不动——这个姿势表示性的禁止。这时，若她紧紧地穿着自己身上的衣服，那么她应该是有害怕身体受到伤害的恐惧，以及抱持着拒绝男性的强烈心态。

　　4.双腿不做交叉的姿势——这是意味着进一步的交往。特别是腿微开不安定地左右摇动，这种姿势是心中向往男女情愫的表示。

——女方两情相悦时的姿势

美国的心理学家柏拉比安曾就身体的姿势、位置，与对此人喜欢嫌恶与否的好感程度之间的关系，加以调查。

女性在和地位高的人谈话时，手、足不会是交叉的姿势，而容易呈现较为开放的姿态。选择这样姿势的女性，对对手会有较高的评价。

在接近讨厌的人时，会双手抱胸，但在面对喜欢的人时，手臂就会自然地下垂。

不过，在和讨厌的人接近的场合时，多半的人都会将身体向后退。

一般而言，向前倾的姿势是喜欢他人的表现，特别是女性采取这种姿势就是对你有好感。另外，手臂、双腿没有交叉排放而为开放性姿势的女性，也是比较容易博取对方好感。

把女性心存爱意时的姿势汇总起来，就是下列所述的几点——

1.手、足微开，开放型的姿势。

2.身体略向前倾的姿势。

3.全身放松的姿势。

4.将整个身体面向对方。

这些身体语言比起所说的话更能传达事实。仅仅依据和对方的地位关系或是不同场合，善用合适的肢体语言，也能使你的魅力更为加倍。

习性的心理——小动作中隐藏些什么呢？

——触碰头发的习惯最多

所谓"江山易改本性难移"，每一个人都有很多不假思索就表露出来的习惯动作。

最近我曾试着询问男女大学生们他们的一些习惯动作。

其中最多的是拨弄、拉扯头发的这种动作。

"以手碰触自己身体的习惯动作"汇总起来的话，男性有54％的比例、女性则有70％。因而得知女性碰触身体的习惯特别多。

——难怪会有很多人有碰触自己身体的习惯动作

"以自身的肉体碰触自己，以求得假象的亲密，即称为自我亲密性。"

这就是身为出生在英国的动物学家，对人类行为痛加批评的特兹蒙多·莫利斯所说的话。

当精神受到创伤，或是感觉到压迫的人，会和所爱的人以身体相互接触方式，以缓和不安。

但是，当这些人不在身旁时，除了寻访身体的接触机会（如按摩等），或是自我安抚（用自己的手、足碰触自己的身体）之外，就别无他法了。

大概有些人也会以触摸猫咪、小狗温暖毛茸茸的身体，或以触摸柔软的毛布、衣物来代替，以取得安全感。

在实际情况下，当在他人面前感觉到不安或失败的时候，并不能得到所爱之人的碰触。这时，就可看见以自己的肉体（手、足等等）抚摸自己身体的自我碰触行为。这种行为就变成了习惯动作。

触摸头发、脸部的习惯动作，也可以说是一种安慰自我的自慰（Onanie）行为。

——以手托腮

用手肘、手掌支撑头部的动作。这样的托腮动作所传达的不是身体疲累的信息，托着脸颊的手是代替母亲、爱人柔软温暖的胸膛、肩膀，使自己得到安慰的替代品。

换言之，以手托腮乃是因为想要得到爱人肩膀胸膛的慰藉心理，而产生出来的肢体动作。

——挤压脸颊、头部、头发

在忘了上锁、关电气用品、瓦斯开关以及发现自己犯了什么错误的时候，会不经思考地用手压脸颊。

用手挤压脸颊、头部、头发的动作，是"想要得到爱人经由爱抚头发、脸颊所传达的安慰"的这种心情的表现。

这其中有人或拉扯头发、或拧捏脸颊、或拍打头部。这些可以想成是对自己的攻击行为。这些行为并非安慰性的触碰，而是对自己不能成功的一种处罚，是激励自己的习惯动作。

——抚摸嘴唇

以大拇指、食指指尖触摸嘴唇的动作是想要克服心中不安、找回冷静的情绪表现。

手指是母亲乳房和乳头的替代品。就如同婴儿时期会一直吸吮母亲的乳房直到感觉安适为止，有些习惯的人会一直以手指触摸嘴唇直到情绪安稳下来。

——啃咬指甲

当心中的不安更添一层时，仅仅触摸嘴唇已无济于事，这时就会开始啃咬手指关节或是指甲。

一旦随着心中的欲求不满以致攻击性增高，也会有手指甲啃咬成锯齿状的情形。

——双手合抱于胸前

双手合抱于胸前有两种意味——

其一是在失去爱人等等的情况下可以看到的类型。一面流着眼泪，一面以两手紧紧抱住自己，摇晃着身体、强忍住悲伤。

抱着自己身体摇动的动作，就像是婴儿时期自己因害怕而哭泣时母亲哄着自己的动作。因为这时可以和自己一起难过的人不在身旁，无怪乎会有这样的动作。

双手合抱于胸前的另一种情况，是防卫意识付诸行动的时候。双手抱胸的动作，对对方而言有防护栏的效果。

例如，当碰见不想交谈的对象时、或拒绝商议交涉时、或想与对方保持距离的时候，都可以看到这个动作。不论何时，人会采用这种双手抱胸的动作，来断绝和对方的亲密关系。

——自己和自己紧紧地握手

当自己和自己紧紧相握的时候，其中一只手是以本人的姿态在动作，而另一只手被当做是想象中最爱的人的手。在紧张的时候，借由不自觉地和自己握手，可以获得安适和心安的感觉。

这个行为是一种想要紧握他人之手的心情表现。在感到非常紧张的时候，双手会握到出汗，甚至会紧握到那种血液无法流通的地步。

——碰触双腿

我们有时看到一只手或是双手碰触大腿，或是用双手拨弄同侧大腿的这种动作。

这个动作大概有91％是属于女性，如此以手拨弄自己大腿的行为，是一种诱惑男性的性感举止，双腿并拢摩擦也可以同样地说是一种诱惑男性的性感举动。

眼部的心理——人的眼睛会说话

——只要在谈话时四目相对，说服力就会更为提高。

有一位男性的超级业务员公然地说道："如果和女性打招呼攀谈，进而得以邀约至咖啡馆小坐的话，这CASE就可以算是已经100％达到成功了。"

这也就是在强调一边喝咖啡的同时，一边注视着对方女性的目光的这种说服手段，是很有效的。

从对方对自己的注视中，可以感觉到此人对自己的好感，反过来说，在注视对方的时候，也同样地可以传达自己对对方的好感。

当交谈时，自己的意见、立场被对方肯定的时候，我们都会和此人目光交会。这是因为眼神可以传达本人内心的想法和自身的态度。

再者，若是和对方谈话时四目交接，由于可以轻易地被判断出"这些话的可信度"，所以说的话就会更具有说服力。

男性推销员以身体魅力为武器，用自己的目光来吸引对方的注意，利用感情的联系来达到推销成功的目的。这种技巧，也可以同样地使用在男女之间的关系上。

所谓"眼睛会说话"，就是在说虽然人是用嘴巴来表达自己，但在嘴巴之上的眼睛会泄漏出真正的内心想法。

——可以用眼睛来表现出自己的喜恶与否

在餐厅或是咖啡馆点餐或点饮料的时候，我们的眼光会搜寻着服务生，用视线来做为想要点餐的暗示。反应灵敏的餐厅服务生就会十分在行地抓住这种视线的暗示。

借由视线的互相交换，可以向对方传达"我想和你说话"的这种意念和意图。这时也可以同时强烈地引起对方的关心。

根据某一实验证实，在向小孩们说故事的时候，在说故事者一一地看着每一个小孩的眼睛说故事的情况下，小孩子对故事的内容会比较容易记住。

借由目光的相接会使得谈话的说服力和可信度更为提高的这个说法，在心理学的研究中，也有明证。

"我想和你仔细地谈一谈"、"我对你十分关注"这类的心情即使没有说出口，只要和对方的目光交会，就可以传达给对方知道。

——顾盼之姿的效用

早期京剧梅兰芳大师男扮女装惟妙惟肖，尤以眉目

之间的传神媚态，迷惑了不少男性戏迷之心。另外香港
影星张国荣在《霸王别姬》中的顾盼之姿，也深深地刻
印在女性影迷的心目中，久久挥之不去。

　　一般而言，和喜欢的人说话时，视线相会的几率会
更为频繁，目光相连的时间也会更长，这是经过实验证
实的。

　　情侣彼此之间会一句话也不说地看着、凝视着对
方，这种情景就如同电影中的一幕。电车中、公园里，
也会看到同样的情景。这就是他们在用眼神确定彼此的
好感和爱意。

　　当要求某人在初次见面的数人中，选择出一人
来担任他自己的工作搭档时，被选择的那个人，就是
在之前的闲谈之中，和他目光相接触最为频繁的那一
个。

　　在自己说话时，当对方和自己目光接触的机会较
多，我们会较容易把他认作是一个"值得信赖、乐观、
亲切"的人。

若是有喜欢的人，借由和此人的目光交会，可以传达自己对他的好感，也可以让他知道自己是个理想的人选。

——解读女性眼神的方法

"我对那个男的没有什么特别的感情，然而他却误以为我对他有好感，真是伤脑筋。"有位女性告诉我这些话。会让男性产生误解是因为这个女性的目光使用方法有问题。

通常和男性比较起来，女性这一方和对方四目相接的机会较多。特别是当和喜欢的人交谈，男方属听者而女方为说话者的场合，我们会发现女性会次数频繁地看着对方。

反过来说，要是女性不看着对方说话，对方就很有可能会误以为"她不喜欢我"，另一方面当男性在聆听的时候不看着对方，对方就容易误解成"他在回避我"。

然而，视线交会这种事，时机是十分重要的。虽说不论如何，目光柜接就是好事，但若目光交会持续了十秒以上，反而会给对方不快的感觉。

实际上，比起目光交会，要避开彼此视线是比较困难的。只有当自己心中想拒绝、不理会对方而又不想让对方感觉出来时，才不得不逃避和对方四目相接。

——喜恶可由瞳孔中得知

你有没有注意到对方的瞳孔变化呢?

瞳孔在亮处会小，在暗处会变大。虽然这是属于生理上的反应，但美国心理学者海斯却发现了当人看到自己极度感兴趣、极度关注的事物时，瞳孔也会放大的这项事实。

例如，一旦让男性看女性的裸体照片，或让女性看男性的裸体照片时，他们的瞳孔就会放大约20%。

当一对情侣或是一对夫妻在交谈时，若是你会感觉对方的"眼睛很美"，这就是对方爱着你的证据。因为对方只要是和你谈话，他就会感到快乐，瞳孔就会因而放大。

——女性借由眼神的风采而变得美丽

发现瞳孔大看起来会较美的，是十六世纪时的意大利和西班牙女性。在当时有一种从某植物根部萃取而来的液体，被当成是腮红普遍地被使用，某一天一位女性不小心地将这种液体沾到眼睛，当惊慌之余往镜中看去时，却讶异地看见镜中那个魅力倍增的自己。从这时起，将这种液体微量地涂点在眼中的化妆法，就迅速地传了开来。

事实上，有些拥有迷人双眼的美丽女演员，大部分都是近视眼？有种说法是这样的：因为近视的人瞳孔多少都会变大，所以看起来会比较美丽。

有很多人即使容貌不端丽，依然深具魅力。这些女性并不全都是近视。她们是因为充满活力、朝气蓬勃地生活着，眼睛显露着光彩、瞳孔放大，所以让人觉得眼睛迷人，充满魅力。

肢体语言——产生好印象的真正情景

——身体语言是什么？

"啊——下流！"年轻女孩们如此尖叫。

"我没有要干吗呀！但却……"老伯伯嘀嘀咕咕、不满地这么说着。

一直以来，就有性骚扰的社会问题存在。就算不是存心故意地，也会被说成是"变态"，在公车中也会被误以为是色狼而引起一阵骚动。身体尚未意识到已经被冠上嫌疑犯的男性，正是为此而感到迷惑。

为什么会有这样的事发生呢？这是因为男性不了解女性的身体界域。

以从小我们身体被他人碰触的经验来说，全身被碰触的经历是很少的。特别是来自父亲的碰触更是少之又少。所以，对如同父亲一样的老伯碰触自己的这个行为，会感到十分的厌恶。

就异性之间而言，手是最常被碰触的部位，其次是手臂、肩膀、头，再其次是头部四周、身体、腿部。换言之，男性若照着这个顺序碰触女性的话，就不会挨耳光了——"欲速则不达！"

——是恋人？还是朋友？微妙的距离差异

有些男女之间的距离，虽不像恋人般的亲密，但也不是完全毫无关系。这情况大致有下列两种——

1.恋人与否的微妙距离（45～70厘米）。这是一个在稍稍移动身体的情况下，就可以碰触到对方的距离。若是彼此互为夫妻或情侣就不会感到不自在，否则，一旦男女之间维持这样的距离，也就容易让人有所误解。

并不亲近的男女，一旦彼此间的距离变成如此，会有紧张和些微不快的感觉产生。若是有人看见一对男女正用这样的距离在交谈的话，难免会有"他俩之间有暧昧"这种误解。

2.朋友关系采用的距离（75～120）厘米。这是一个双方伸出单手即可碰触对方的距离，也是一种维持朋友关系的距离。

一旦男女彼此间的距离超过于此，双方就会变成仅是形式上的交谈，对二者的关系会有所损害。甚至，不太会去意识到对方为异性的这个事实。

反过来说，若是男女彼此之间距离的亲近程度到达这个阶段，双方就会想要尽可能循序渐进地以"恋人与否的微妙距离"更加接近地交谈。这时，就是男女之间是否会成为一对恋人的分水岭。

——恋人的距离

在联谊或是舞会中，彼此互相吸引的男女，大部分都会在一起出双人对，因为这样，就会有"A和B二人之间有些暧昧"这类的话立刻被传开。

美国的文化人类学者荷鲁，为了让人和各式各样不同的对象有良好、平顺的人际关系，明确地将人与人之间的距离用八个种类区分出来。

其中，就有一种是所谓非常亲密的男女之间所采用的距离，摘录如下：

1.不需要言语的距离（0～15厘米）。 这是一种十分亲密，允许彼此相互爱抚的距离。是可以感觉对方体温、气息的距离，也是彼此间不需要用语言来沟通的距离。一对情侣或是夫妇用这样的距离相处，可以让爱情更深更浓。

2.夫妻、恋人的距离（15～45厘米）。 在这种距离下，无论任何一方伸出手都可以碰触到另一方的身体。这也是亲密的男女可以确定彼此关系的一种距离。相当于二人在跳舞时所采用的距离。

在前文中所举例的男女，就是采用了这种距离，而表现出二人彼此间有相当的关系。旁人透过对此二人表现在外之相处距离的观察，当然会察觉"此二人关系暧昧"，并传扬开来。

为什么会喜欢座位离自己比较近的异性呢？这是由于人通常会接近喜欢的人，远离讨厌的人的这项原理。

由这个原理来看，坐在和自己距离相近的异性，我们会认为他对我们自己有好感。因为，我们会容易对喜欢自己的人心生好感（这称为好感的回报性），所以理所当然地会变得喜欢和自己坐得较近的人。

——若是身为男性，被触碰反倒高兴

"嗯——我想买下这件洋装，可不可以嘛？"女方紧紧地挽住了男方的手臂如此说道。被挽住手臂的男性，不但不会吓得落荒而逃、漠视女方的声音，反而心里会在一瞬间为之荡漾。

"被碰触、被央求，不会感到不快"——这是男性的本色。这是因为男性被女性长时间碰触鼻子以下部位的经验很少。

根据婴儿时期碰触经验的调查研究显示，女婴被大人们碰触的次数要比男婴更为频繁，男性从婴儿时期开始就很少有机会被也人碰触。

曾经．也有过"男女一旦长到七岁，就会各有不同"这一句话，在外表上，或多或少，男性大概不太被允许去思考被女性碰触这类的事吧！

在男性的内心深处，因为还残留着自古以来对这些感情的忌讳心理，因此，在表面上，大概也会有人对女性的碰触抱持着某种抗拒心态吧！

"男性想碰触女性，想被女性碰触"，这是与生俱来的本性。但是，实际情形一定是"无法受到碰触"的这种复杂压抑情绪，和"不可以碰"的这种欲求不满，驱使增长了男性"想碰触"的这种冲动。

——解开心防的临床技术指导

从事按摩的师父、理发店师父、美容院专家、医生、护士等职业的人们，都可以公然地碰触他人的身体。

造访这些场所的顾客，每个人应该都会有种种说得出口的正当理由。但是，应该也会有些人心里的真正目的，是想要追求那种被他人触摸的快感才会到这些场所去的。

所谓的临床技术就是当医生询问、诊断病患身体状况时，所必须要具备的专业技能。

在向患者询问身体病痛、症状时，医生所使用的口吻，一定要十分柔和，必须要给予患者可以敞开心胸的安全感。另外，在诊脉、使用听诊器、检查患者眼部或是口部时的手指动作，也一定要让人感觉有十足的确信，不可犹豫。

在现实中，通常只要一到医院去，就会拿到很多很多的药，药袋就好像要被胀破似的。然而在最近，这种主张生病一定要靠吃药才能治愈的医生，说不定已经慢慢地减少了。

从以前就有一种说法——医生直接接触患者的诊察，比起患者服用几百颗药丸，效果更为卓越。例如，女医师柔和甜美，令人敞开心胸的细语呢喃，和她确定不疑让人感到安心的纤纤玉指，一定会让男性强烈地感觉到爱意和安适。

——碰触是最好的交流沟通方式

说到女性的触摸，就会让人想起在幼儿时期受到母亲抚摸的经验感受。

举例来说，卧病在床的男性，都会有一段时间陷于幼儿性症候群的病状。

感觉到不安的男性们，会希望能得到妻子、家人、朋友、医生、护士等等的触摸和慰藉，以求得那种在幼儿时期被母亲碰触时，感觉受到保护的感受和安全感。

因为生病而变得脆弱的男性们，应该会由女性擦过自己身体、抚摸自己身体的这些举动，以及温和柔美的声音中，感受到孩童时期来自母亲的温情。

所以，当男性病倒在家的时候，对女性这一方而言，同时会是增进夫妻感情，得到女友爱情的一个千载难逢的机会。男性在病中会感觉不安，这时女性借由对他身体的碰触，应该会特别容易地得到他的心。

抚摸，也就是身体上的接触，也可以说是传达自身感情最有效的一种方法。

——极为普遍的碰触会让人感觉亲切

以研究性学著名的金赛博士说过："性的产生就是彼此交流、沟通的最极致的表现。"

当吵架分手之后，当两人之间的情谊冷却褪色，抑或是当你想要表白爱意之时，你会怎么做呢？

在这样的时候，比起满腔爱语结巴生硬地不知如何向女方诉说，男方此时默默地、温柔地抚摸着女方的身体，其效果将会更为显著。

就碰触身体的行为而言，它不单单仅是性方面，在心理学上也有其效果。例如，有一个在向某人介绍过第一次见面的几个人后，询问此人对这几人印象如何的研究。

首先，对其中一个没有交谈过一句话，仅仅见了一

面的对象，此人所给予的就是——"傲慢、孩子气、冷
默"等等这些负面的评价。

相形之下，对另外一位虽然彼此握了手，但却没见
到面，也没谈过话的对象，反而给予"值得信赖、成熟
稳重、温和真诚"等等这类正面的评价。

就像这样，借由身体的接触，会给人一种亲密的感
觉。难怪人们会说肢体比言语更能高明地表达出内心的
情感。

——"碰触与被碰触"交流和沟通

美国研究调查身体被碰触经验的旧金山大学教授贝
兰特曾经说过："日本人因为厌恶向对方直接传达自己
的心绪，所以很少会有身体接触。"

这种说法是因为他认为碰触对方身体，最能真实
地、充分地传达出自己感情。

但是，在这一方面，日本人很擅长用酒做交流、沟
通。这是因为三杯黄酒下肚，就无所谓礼教的束缚，就

可以彼此碰触、愉快地打成一片了。而且，只要一喝起
酒来，就算碰到手指、手臂，也不会造成任何的争议。

"想碰却不能碰"、"想被碰触却没有被碰触"这
类传统型的日本男女，还是不得不借助酒的力量。因为
酒精确实可以卸去男女彼此之间的表面掩饰。

而我们的社会，也是传统的东方民族，和日本人比
起来，情况也差不了多少……

——用看着对方，碰触他的身体方式来说服他

只要碰触对方的手臂，同时紧紧地凝视着对方的眼
睛，向他央求着"请你一定要帮帮我"，相信有很多人
会照着你的要求去做，劝说的效果也会提高很多。

有一个在美国的餐馆中所进行的实验，从这项实验
中，我们了解到女服务生在递出收据时，一旦若无其事
地碰触了客人的手，小费就会增加。

碰触的动作被认为是说话一方真诚、热心、亲切、
温情的一种传达。正因为如此，难怪男性对女性在碰触

自己身体时所提出的央求，不会回绝，难怪被女性碰触到了的客人会觉得舒适。

由此看来，向想要对被碰触的男性拜托事情，要他买自己喜欢的东西送给自己，是一件轻而易举、易如反掌的事。

因为，只要记住带着温柔的微笑和投以柔和的目光，再加上对他身体上的碰触，一切就都万事OK了！

——可以掌握对方情绪和不能掌握对方情绪的人

"讨厌啦！"女人这般说着，"你好死相！"并且轻轻地推了一下男性的肩膀。

这样的接触方式多半自来女性，而埋怨了一下、被推了一下的男性一方，也不会因此而感到不快。

被碰触到的男性会希望被碰触到的部位更广、更大。依据现实条件和与对方关系的深浅程度，想要被碰触的方式和身体部位也会有所差异。

男性拍女性肩膀、碰触女性肩膀的举动是极为自然的事，然而就一般而言，女性却回避接触到男性的肩膀。态度亲昵地抚摸男性肩膀的女性，可能会被误认为她对这个男性有超乎寻常的好感。

有一点十分重要，那就是即使是想要被女性碰触的男性，事实上也会有不愿意他人碰触的部位，例如头部或腰部等。

能高明地掌握男性情绪的女性，和一个十分优秀却无法掌握男性情绪的女性，其两者之间的不同，就取决于她是否触及到男性所好之处。

——单单只要模仿说话的一方，你在他心中的印象就会变好

有两个十分具有魅力的女性。其中一人的说话方式、一颦一笑、抑或是服装风格等都和自己十分雷同。身为男士的你，会被哪一位所吸引呢？

有一个实验如下——被实验者和二位第一次见面的人进行一段时间的交谈，之后询问他对此二人的印象为

何？两人中的一人，是为了实验的目的而安排的，在交谈时，他依照指示去模仿被实验者的姿势和动作。

被模仿的人完全没有察觉到他人正在模仿自己，他给这位模仿自己的人评价较高，对此人也比较有好感。有趣的是，被模仿的人基于自己对对方有好感的心理，也感觉对方喜欢着自己。

其次，相对的，借由对某人言行举止的模仿，可以传达自己和此人持有相同的意见和态度的事实。这被称为是"同一步调"现象。

当中意的人在场时，模仿他的说话方式、模仿他的习惯动作、模仿他的兴趣，可以给对方"我们是同一类型的人"、"我喜欢你"这样的印象。

——由两人站着谈话的姿势可以看出此二人之间的关系

一旦看见单独站在一旁交谈的男女，会胡乱猜疑他们的谈话内容和两人之间的关系等等。

　　我曾经用照片做了一个实验，并从这项实验中证实了当两人站着交谈时，此二人的关系会随着他们身体面向方位的不同而有所差异。

　　在采用相同角度交谈、面对面的情况下聊得十分起劲的两人，会给人其中的一方是长辈（或是地位较高）的这种印象。

　　若是两人都微微面向后方交谈着，这种情景给人的印象是：此两人的关系亲密，正在谈论着一件十分要紧的大事。

　　在这种情况下，有很多人会反应"要插入二人之间的谈话是十分困难的"。换句话说，当两人采取面向同一个方向的说话方式，这个举动就是在防止他人的侵入。

　　在实际情况中，放低声量悄悄地说话的时候，大多数人都会是坐在房间的一隅，背对着大家。若是男女用这样的方式在交谈，则会落得让人感觉暧昧不清的下场。

　　"想要隐瞒外遇的事"，或是"想要保守住办公室恋情这项秘密"的人，不妨多下些工夫，在和他（她）说话的时候，用面对面的姿势交谈，并当着同事的面，假装成是上司和下属的关系（工作上的谈话），即便只是做做样子也好。

第五章

男女之间的会话
说出这些话会引起怎样的
反应呢？

语言的神奇——解读对方心思，然后打动他的心

——打开芳心① 舞步一致——第一次会面即能相处融洽的方法

先让一位男性和初次见面的女性交谈。而在一段时间的交谈之后，寻询问女性们："您觉得这位男性如何？"

结果，大部分的女性都会回答说："他是个十分优秀的人，我喜欢他。"甚至，让人惊讶的是会有这样的回答："我喜欢他，而他也好像对我很有好

感。"

这位男性绝对不是一个英俊非凡的人。

为什么他会得到女性的喜爱呢?

其实,这位男性是在一边和这些女性交谈的同时,一边模仿着对方的姿势和动作。两人的言行举止相互吻合的状况我们称之为"舞步一致"。这位男性因为心理实验的缘故,被安排特意和女性们跳着同样的舞步。

所谓偷心大盗的情场好手所拥有的技巧,就是这一项。因为借由对女性言行举止的仔细观察,就可以予以模仿,所以应该任谁都可以成为一个情场高手。抱着自信,勇敢地去向喜欢的女性进攻吧!

——打开芳心② 即使是再固执的女性也可以被打动

在说服一个面对男性会坚守防御姿势、不为所动的女性时,情场高手都会利用肢体语言的效果。

茱莉亚·福斯特这位传记文学作家,曾在她的作品中介绍过一个叫麦克的花花公子所擅用的伎俩。

如果女子防工似的用手环抱在胸前，麦克就会采取双手张开的姿势。若女子以坚定的姿态站立着，他就会用放松的态度听她说话。若女子眉头紧皱，他则面带微笑。

也就是说，麦克采用和女性完全相反的言行举止来打破她的防备。

"这只是表面上的样子，事实并非真是如此"一面对这样的女子，当然可以借由和她相反的表现来突破这一层的防御。

如果采用了不同的说话方式，诱出了此女子真实的一面，就可以诱导出真正的她。这是情场好手难度较高的技巧。

——打开芳心③ 表示爱意的沉默语言

如果说出"我喜欢你"这句话，应该可以让对方了解你的心意。但是，这种方式太过露骨又没有情调。在这样的时候，就可以采用表达爱意的无声语言。

沉默的语言之一——用眼神来告诉他。目光互相交会我们叫做"用眼神沟通"。和喜欢的人谈话时，增加用眼神沟通、交流的次数，延长用眼神沟通、交流的时间。不用只字片语，只要一动也不动地凝视着对方的眼睛，就可以表达出自己的爱意了。

沉默的语言之二——用瞳孔告诉他。人的瞳孔会随着光的强弱而有所变化，但后来发现到，当人看见引起自己兴趣和关注的事物时，瞳孔也会因此而放大。

因为当着自己真心喜欢的人时，瞳孔会变大，所以即使不说出口，也可以将自己的爱慕让对方知道。

沉默的语言之三——用靠近对方身体的举动来告诉他。和喜欢的人说话的时候，自己和对方的相对距离会缩小，相反的，对自己讨厌的人，就会拉开彼此间的距离。

因此，只要默默地接近喜欢的人身旁，就可以向他传达自己的爱意。

——男女间的会话技巧① 用附和、微笑来打探实情

"啊……那要怎么办呢?"、"真的呀!"等等如此附和着,并且面带微笑。和这样的女性交谈时,男性会不知不觉地随着谈话而说出实情。

我们知道在谈话时,大量地使用"嗯"、"是啊"、"真的吗"这类附和词语的人,会得到说话一方的喜爱。

另外,附和和微笑,对增加说话一方的发言量这方面也十分有效。这是因为附和和微笑向对方传达了自己"我对你很感兴趣"、"希望你能再多讲一些"的这种心意。

我曾经进行过女学生采访男学生的一项实验。

情形如下,在面谈之前,被采访的男学生给人"冷淡、难以沟通"这种印象。然后,在面谈进行中,身为听者的女学生则增加其附和和微笑的次数。

当采访的这一方表示出——"想要听到各式各样的谈话"这样的强烈希望时，就任意地加以附和或是微笑。结果因为如此，她得到了对方更多的谈话内容，也同时获得了对方的好感。

——男女间的会话技巧② "你怎么了？"询问法

"你怎么了？"试着如此询问他人。

若身边有人脸色阴沉、出神发愣、哭丧着脸、怒气冲冲、或是兀自发笑的时候，不妨问问他："你怎么了？"

若他的神色让你觉得"不同于往常"的话，试着问他："你怎么了？"

若他告诉你："没事啦！"试着再问一次看看。

心里有事的人会在想将心事向人宣泄，却又害怕会有损体面的两难情绪中。所以，一次不成，就再去试着多问几次。

在这样的情况下，一旦愿意听自己诉说的人出现了，欲求不满的情绪就可以舒缓开来。只要听他说话，应该就可以让他心中的情绪释放出来，使他的心境澄净，他的心情应该也会因而感到舒畅。

像母亲一般的——"你怎么了？"的这种关心的女性话语，一定可以紧紧地抓住他的心。

——男女间的会话技巧③　向她说泄气的话，引起她的注意

"因为是你我才可以这么说——我又失败了"、"我真是没有用！"、"我已经完全失去自信了！"有时，试着向她说说这些泄气话看看。

听到这些话的她，一定会有"只有对我他才会说这些丧气话"的这种感激心理，一定会有"我什么也帮不了他"的这种心情。

再优秀的男性也会在重要时刻遭遇到相当程度的失败。看到如此情况的女性，会对这个失败的人产生恻隐之心——这是经过证实的。但是，如果是平日就被认定

没有用的男性遭遇到了失败，反而更会让别人看不起。

有位相声大师曾经说过："在交谈讨论进行中，不要说自己值得骄傲的事，要说自己失败的经历。若能如此，对方也会敞开心胸和你沟通交流。"

有能耐的男性如果诉说自己在工作上犯了过失、被老师责骂，或是考试落败等等的事，她的心应该会为其所动才对，当二人关系无法再热络的时候，就采用让她看见自己脆弱一面的这个方法。

虽然有些累赘，但还是要再次强调，这种方法必须要是"强势的男性"、"有能耐的男性"才会奏效，对于那些缺乏自信的男性，我并不鼓励使用这种办法。

——"参与协商"的心理

"可否请你给我一些建议？"如此请求一起商量事情。

"如果只是商量，那就没有关系！"一旦如此欣然接受，两人之间的关系就会出人意料地更进一层。

向他人表白自己的事叫做——"自我表白"。

交换名片或是自我介绍是自我表白的第一阶段。如果变得较为亲近的时候，就会谈论工作或是家人等等话题。这是自我表白的进一步阶段。

一旦他人向自己表白，自己就会予以应和，也会向对方表白自己。例如，如果对方告诉自己"最近工作进行得不太顺利……"自己也会马上告诉对方"其实，我在工作上也有些烦恼……"

在这样的情况下，经由彼此相互表白的谈话，两人之间的关系就会亲密起来。甚至还会想和告知自己烦恼的对方一起自杀这类的极端话语出现。

如果有想要亲近的人，就试着以轻松的心向他开口道："可不可以和你商量一下？"、"我能不能请教你一个问题？"不论是谁被如此要求都不会感到不悦。能够说出这句话的这一种勇气，就是打开两人关系的钥匙。

——首先，先让她说比"不"还要高一层的技巧

有这样的情场高手扬言道："不行、不行！"就是——"再多、再多"的意思。它是指女性说："不行！"就是在装模作样地要求自己回绝的事物，这难不成是情场高手更高一层的伎俩？

有一种叫做表明来意、进入、就座、面对面的推销员式技巧。那就是在刚开始时提出对方一定会拒绝的要求，如果被拒绝了的话，再提出别的要求："那么，这样如何？"的一种方法。

也就是说，在刚开始时故意提出较为困难的要求，如果对方说不，当你再提一个比之前容易的要求时，就可以得到应允的这种手段。

因为拒绝要求的对方，会觉得"再拒绝他的要求就会破坏感情，以后大家见面难看……"所以对第二次的要求，当然就不得不接受下来。

突然被不太熟悉的男性邀约"一起去旅行好不

好？"的女性，直接的反应大概会说："不！"而予以
回绝吧！"那，一起去喝一杯好吗？"如果再被如此邀
约，"只是喝一杯嘛！"可能就会答应了他的要求。

先让女性感到十分为难，然后再让她答应另一个要
求。这就是情场高手的手段之一。

——用"让他感觉自己常常说谎"的方法来说服他

"像你这样的女人所说的一切，没有半点信用可
言，我已经受够了！"

叭的一声，就把挂掉了电话。

其实，在这个情景中，女方打了一场大胜仗。因为
这是所谓的"不是不报、时刻未到"，在心理学上称之
为"暂延效果"的现象。

当相信对方的时候，大概不会有人会怀疑他说的话
吧！相反的，当信任对方时，大概连对方的话是否正确
都不会去考虑，就会定下"不能信赖"的判断。

　　根据说服的沟通方式中我们得知：因为人感觉自己无法信赖某个没有可信度的人，所以他所说的话，大部分的人在听了之后都不会被说服。然而假以时日之后，被说服、相信这些话的人，却有日渐增加的趋势。

　　一旦经过了一段日子，人会分别再对话的内容和说话者下评论。也就是说"因为是她说的，所以不能相信"这样的主观意识会逐渐变淡，"仔细想来，她说的话说不定是真的"——也可能会这样修正自己的想法。

　　她的话，只稍稍在心中沉寂一段时间，便会慢慢地动摇男性的心。

　　——突然沉默下来，看看这时对方会有怎样的反应？

　　你是不是让人觉得喋喋不休呢？没有间断、一直唠叨个没完的时候，你所说的话，对方只听进去一半。在这种情况之下，就算是在说很重要的事也没有任何意义。

第十六任美国总统林肯，常常会在谈话进行中停顿下来，这么做是为了想加深对方心中的印象。当想让听者印象更为深刻时，他会探出身子凝望一下对方，然后沉默下来。

这个沉默的举动会引起对方的关注——"到底这个人接下来是要说些什么呢？"对方会在他沉默的这一瞬间紧张地等待着他接下来所要说的事情。

若是能在对方全神贯注聆听的情况下，说出重要的事项，就可以把你要说的话明确地传达给对方。

林肯在说出自己强调的话之后，也会稍做一下停顿。这么做可以让这些话，深深地停留在听者的心坎里。

紧盯着他的眼睛沉默不语，他大概会紧张一下吧！如果在片刻沉默之后再告诉他："我喜欢你！"效果将会达到满分。而相反的，在说了"我喜欢你！"之后沉默下来，也是一种很好的方法。

——只要慢慢地说，所说的话就更具说服力

一开口说话，就会不假思索地脱口而出，或是结结巴巴吞吞吐吐。用这些方式说话是没有说服效果的。说服他人时的语调要缓慢平顺，这才是追求时要用的说话方式。

我们身边不乏一说起话来，就噼里啪啦像机关枪扫射一般的速度高手，可是这种人话一说完，别人却没听懂他到底是在讲什么。即使听明白了，也搞不清楚他所说的重点是什么。所以说了也等于是白说。说话速度快的人（约每分钟五百字）给人一种——"激动、好动、积极、强势"的感觉。

而说话速度慢的人给人的感觉则是——"可以信赖、沉着、稳重"。

除此之外，我们还了解到说话慢的人，所说的话比较具有说服力。

有一个要诀，用"花一分钟时间念完一张四百字稿

纸"的这种速度说话，可以得到对方的信赖，其说服力
也会跟着增加。

如果想要用尽一切方法去说服他人的时候，就事先
排练一下，看着手上的表，一直说到流利为止。

——面向他的背部说出真心话

有些人一旦面对他人（尤其是不太熟悉的人），就
无法说出想说的话。

这是因为只要和对方面对面，就会感到紧张的缘
故。像这种时候，就面向他的背部对他说吧！

以精神分析的创始者而闻名全世界的弗洛伊德，当
患者在舒适宽敞的沙发中坐下时，他就会坐在沙发后面
让对方看不见他的脸。如此一来，患者就能够坦然地说
出难以启口的话。

虽然安排这种位置分布的用意，是为了让对方能轻
易将难以启口的话说出来，但反过来说，这也可以让自
己较为轻易地说出心里的话。举例来说，就有一种面向

对方背部的说话方式。

因为是面向他的背部，所以应该可以毅然决然地说出真话。而对方，大概也可以真实地回答吧！当他看着远处风景或是海的那方，背对着你的时候，就是一个大好的时机。

对彼此都十分胆怯的一对，就建议他们面向对方的背部做单向的沟通。

有男生是在电话留言中提分手的。虽然这种做法略嫌懦弱，但这也是单向沟通的方式之一。

——宁静的公园和热闹的咖啡馆——在哪里约会好呢？

让对方一边吃着薯条、一边喝着可乐，一边对他说话的时候，追求的效果会比较高。这是一项在美国进行的实验。这个原则大概也能适用于我们吧！说不定也有很多人会想在宁静的公园里和她约会。的确，在公园里可以慢慢地交谈。但是一旦对方冷静地听你说话，就会有谈话内容中矛盾含糊之处无所遁形、明白显现之虞。

一般来说，如果女方单独与你在幽静的地方约会，她的警戒心反而会自然而然地提高……

而当她在喜欢的店内吃着蛋糕、喝着咖啡的时候，若无其事、不经意似的追求她，这种方法的成功几率反而会高出很多。

当正在进食、口中还有食物的时候，很难提出反对意见或加以询问。换言之，当她处在不得不"只听不说"的立场时，如果乘机进击，当然就容易追求得多。

更进一步，如果是在吃自己所喜爱的食物，她大概心情也会很好，会处于比较放松的状态吧！而且在气氛和悦的时候和她说话的话，应该也比较可以博得她的好感。这对追求她而言也是一项很有利的条件。

在平日就调查她喜爱的店和食物等等，利用这个方法，是顺利追求到她的一个要诀。

——在会话中加入对方的名字

"小珍，等一下！"有男性会如此亲昵地叫唤。

"拜托！我们没有亲密到这种地步吧？"对方虽然生气，但却不会讨厌对方用昵称叫自己，真是不可思议。

有这样的一个实验。初次见面的男女双方进行十五分钟的对话。在这十五分钟内，男方在会话中加入对方的名字有六次以上。例如："×× ，你认为如何呢？"类似这样的口吻。

结果，这位男性受到对方严厉的批评："他有欺骗、虚伪、过度亲昵讨好之嫌。"所以，若是在会话中大约两分钟才叫一下对方的名字，反而会有反效果产生。

其实，在两人互相交谈的时候，就算没有特意加入对方的名字，也会有提到对方名字的时候。

所以，如果时机正确，在会话中加入对方名字或是用昵称称呼对方，都可以让彼此更为亲密，也可以引起对方的关注。

但是，如果和并非那么亲密的对象谈话时，一直呼唤他的名字，或者是对还没有亲密到用昵称的对象，而用昵称去叫他的话，就要注意是否会造成反效果了。

——赞美的言语——哪一个比较好呢？

你所喜欢的她，是否像女星浅野优子般是个比例匀称的出色女性呢？在追求她的时候，如果是你，你会用下面哪一种称赞的话去赞美她呢？

A."你的身材较好，穿着真有品位。"

B."你的头脑十分灵敏，说话很有内容。"

只要不是太离谱，这两种赞美应该都会让她感到高兴。但是，如果男性单独使用"穿着有品位"或是"头脑敏捷"这样的赞美，就逊色很多。

比例匀称的女性，一旦被他人称赞自己的身材，就会有"那是当然的"这种自我肯定。换言之，因为自己认为的优点被男性说了出来，理所当然地就会觉得很高兴。

　　然而，若身材比例匀称的女性被他人称赞自己头脑聪明的话，她会感到相当意外，自我会因而膨胀起来。因为迄今从来没人提及、自己也不认为值得称赞的部分，受到了别人的赞美，所以，她会感觉自己的存在价值越发扩大，高兴的感觉也会倍增。

　　如果要赞美对方，就要在出乎她意料之外的地方赞美她，这样的效果不但很好，同时也可以显示出你的眼光与众不同。

——提高好感的言语

　　"我们大家——"或者是"我们一起——"有些男性也会有这样的口头禅。为什么他们会再三地强调这种所谓的"我们意识"呢？

　　能高明地掌握听众情绪的人，在会话中，会若无其事地使用向对方传达好感的示好言语。这种话叫做提高好感的言语。在这其中，有下列这些语汇——

第一点，"我们"、"咱们"这些用词会比"我和你"、"我和你们"更能提高好感的程度。

表现我们意识的用词，因为增加了双方共为一体的感觉，听的一方会不经思索地被导入谈话之中。

第二点，在道别时说："下次再见喔！"或是："希望很快就能再看到你喔！"这类的话，也会增加好感。一旦说出"非得……不可"这样的话，就会把自己认为彼此的来往是义务性质的感觉，传达给对方知道。

"我们一起去放松休息一下吧！"从这句男性提出前往旅馆的邀约的言语中，我们可以看出，这个男性的企图和用心，是为了要巧妙地强调和女方共为一体的感觉，并且同时也是对女方顾全面子的做法，再怎么说"等一下，咱们去搞……"总是很让女方觉得低俗，又下不了台的话吧！

说话的技巧——真相和虚构、你想知道哪一个呢?

——打探的秘诀

在下面四种场合中，对方谈论自己会最为积极的场合，是哪一个呢?

1.听的一方一边点着头说："嗯"、"真的耶"附和着，一边听着对方说话。

2.听的一方在对方坐在椅子上的时候，轻轻地接触他的身体，然后点头附和地和他交谈。

3.在对方说话之前，听的一方先谈谈和自己有关的事。然后再点头、附和地和他交谈。

4.听的一方坐在椅子上时轻轻地触摸对方身体，并对对方早先一步地谈论自己的事。

这是美国心理学家休拉得进行的一项实验，结果是第四种情况下，对方谈论自己最为积极。

当听的一方碰触对方身体，或是当听的一方先谈论和自身有关的话题时，说话的一方特别会对听的这方抱有好感。

当你想了解她的时候，首先轻推她的肩膀，劝她在椅子上坐下。接着开始谈论自己有关的事，这样一来，她应该就会说出你想要知道的事了。

——喋喋不休是好是坏？

最受欢迎的电台节目主持人，当然是爱说话的代表。因为身为主持人，沉默不语是不行的，所以说不定他喋喋不休是必须的，但是在现实社会中，似乎也会有这样的男忙存在。

比方说，我们常常可以看见一个团体的领导人物，就是那个不论和谁讲话都唠叨个没完的人。相反的，不发一言的人大多得到他人"冷漠、不友善、缺乏知识"这类不好的评价。

男性若是能够谈笑风生、积极地带动大伙谈话的气氛，女性大概也就会认为"他很有领导能力，可以让人依赖。"

但是，在交谈时如果男性太过聒噪，也会受到"不够体贴、无礼、不细心"这样的负面评价。

所谓会话就是彼此相互交谈，遵循它的规则才能捕捉到说话的重点。同样的情形，在卡拉OK里，那些抓着麦克风不放的人，是最令人讨厌的。

多方面留意掌握女性的心绪、诱使女性更为轻易地说出她自己的看法的男性，才是真正善于交谈的人。

——留意自己的表情——对方正看着呢！

身为女性的你，可否想象一下和他谈话时的情景呢？从你的面部表情，第三者会对你的人品做下列哪一种判断呢？

〔情景一〕你正面带微笑地看着他，闷不吭声地绷着面孔。

→你会被认为——"是支配的一方、不怀好意，好像乐在其口似的讥笑着对方。"

〔情景二〕你正面带笑容地看着皱着眉头的他。

→第三者会认为你——"心平气和、友善、洋溢着幸福。"

〔情景三〕你正绷着脸、闷声不响地看着面带笑容的他。

→第三者会认为你——"正在生气、感到不平、不幸、心灰意冷。"

〔情景四〕你正绷着脸，闷声不吭地看着眉头紧皱的他。

→第三者会认为你——"冷淡、独立、傲慢、不畏惧、冷静。"

——克服怯场、腼腆的说话秘诀

这是一个推荐给那些为说话时脸部会不听使唤、泄漏实情而感到烦恼的男性们的方法。当然，这个方法不只是针对男性，对女性也可以适用。

心念或是实情容易在脸上（也就是表情上）显露出来。所以，当表情不被他人看见的时候，就可以冷静地说话了。这个方法其实很简单。

1.坐在背对明亮窗户的座位即可。因为这个位置是逆光的，所以脸部会显得阴暗。"对方无法看到自己的表情"如果如此确信的话，就可以冷静地说话了。事实上，为了留心不让自己的脸部表情被人识破，居于领导地位的人，大多都是坐在这个位置的。

2.利用照明即可。考量一下照明来源的方位，如果确定自己是坐在会让脸部显得阴暗、而相反的会让对方的脸面向光源的位置，这样就可以居于比对方更具优势的位置。

3.若带着墨镜说话，会减少说错话或是说话吞吞吐吐的情形。只要带着墨镜，就可以冷静地发言了。

如在户外，如果是背对太阳，或是戴着墨镜的话，这样大概就可以冷静地说话了。

——他是不是在说谎?

"昨天晚上我打电话给你，可是你不在哟！"对方突然这么说。

"我一定是在加班啦！"冷淡、简洁地回答着。

其实，这就是男性在说谎时的一种应答方式。

当不得不撒谎的时候，所用的会话方式就会不同于以往，如下所述——

1.当撒谎时，也不会让谈话有互相往返的空隙。

"昨晚你不在家吧！"当被这样问的时候。

"我在约会嘛！"如此开玩笑地说。

"骗人！"如果她这么说。

男方会这样回答："当然是骗你的，我是在加班啦！"这是没有说谎的会话例子。

2.当撒谎时，应答会十分迅速。

"昨天你不在家吧！"当被这样问的时候，男方稍稍停顿了一下，然后回答："这样呀！我最近好忙哟！每天都很晚才离开公司。"这个例子是男方没说谎时的反应。

3.在撒谎时，他会干净利落地尽可能缩短谈话。

"昨天你不在家吧！"当被这么问的时候，"我在加班啊！你找我有什么事？现在说给我听吧……"像这样坦然，是没有撒谎时的应答方式。

——看穿谎言的要诀① 男人的谎言、女人的谎言

虽然说谎是不被允许的，然而常常却是不经思索地脱口而出。不过，由于人是正直诚实的，所以说谎的一方会悄悄告诉他人"这是谎言！"

由心理实验中，归纳出了七个表明自己正在说谎的动作。

1.在说谎的时候，手部的单纯动作会减少。

为了不让自己真实的一面在无意识的情况下，透过手部的动作传达出去，人在说谎时大多会握拳，或是把手放在口袋里，或是藏在对方看不见的地方，会抑制手部的动作。

2.在说谎的时候，用手抚摸脸部的动作也会增加。

用手下意识地抚摸鼻子或嘴巴是一种想要隐藏嘴巴的举动，它透露出说谎的一方想要掩饰自己言行的信息。

除此之外，由实验中还观察出了像拍打下颚、推挤唇部、摩擦脸颊、搔眉毛、拉耳垂、摸头发等等说谎时经常会有的动作。

3.说谎的时候，全身总体的动作会增加。

扭扭捏捏地变换姿势的动作增加，是压抑自己想快点逃离现场心情的一种举动。

就看穿谎言这方面而言，还有下列几项更高一层的要诀：

4.一旦濒临非说谎不可的情况时，应答的速度会好像不让交谈停顿一般迅速。

5.一旦濒临非说谎不可的情况时，应对会变得生硬，不过说话会利落而简短。

6.一旦濒临非说谎不可的情况时，笑容会减少，点头的动作会增加。

7.女性在说谎时会凝视着对方，但男性则会回避与对方目光相接。

"如果你觉得我是在说谎，那你就看着我的眼睛"——请留心这句恋人们习惯会说的低语。

从上所述，我们可以了解到把表情变化当做看穿谎言的一项线索，是不太有功效的。因为，大多数的人也考虑到了脸部（表情）会容易泄漏真相的这一点，所以他们会努力地不让真相从脸上显现出来。

相反的，因为说谎的人以为对方大概不会注意到脸部以外的其他部位，而没有危机意识，所以他当然就会不经思索地在手部、身体的动作上，或是说话的方式中泄露出真相。

——男女之间的心理隔阂——暗示分手的言语

最近不知为何觉得关系渐渐褪色变淡，难道已经渐渐走到分手的地步吗？这种悲哀的预感，是可以从二人之间的会话中感觉出来的。

二人之间的心理隔阂，可以从会话的内容中推测得知。这就是所谓的亲近程度表现。亲近程度高时，二人对话会显得亲密、有爱意，相反的，亲近程度低时，就会有回避、感觉不生的情况产生。

1."我们之间有良好的沟通！"这么说会比"有过良好的沟通"这种说法的接近度要高。换言之，如果两个人做到的事用过去式说出来的话，就是二人距离疏远了的证据。

2.说"喜欢明锋！"的这种情况，会比说："喜欢你！"的情况接近度更高。如果在不知不觉中改用"你"来称呼明锋的话，就是对他十分见外的一个证据。

3.说"想和志玲见面"比起说"必须去见志玲"的接近程度为高。"……必须……"的这种用词是热情渐褪——"虽然很烦，但因为是义务所以要去见她"的证据。

——女人的心无法捉摸吗？

"最近他好像很讨厌我耶！到底是我哪里不好呢？我越来越不懂他到底是在想什么了。"

向同事这样说心事的女性，其实反过来看就是她自己开始讨厌对方。一旦同事把这话当真——"你一定要好好努力、坚持下去喔！"这样地帮她打气，反而会受到冷淡的回应。

当人害怕说出真话会受到周边的批评和社会舆论的制裁时，当事人会认定"对方一定会对这事抱持着不好的看法。"这就是所谓的"投射现象"。

虽然，事实上是自己讨厌的那个人，但因为一旦明说会对自己不利，所以就会对周边的人说是自己被那个人讨厌。月这种方法去抑制自己这种不应该、不为他人所苟同的真实想法。

和这种情况正好相反，当面有难色地说："他好像是喜欢我耶！"时，其实反过来看就是——"我喜欢他！"这也是和上述同样的心理。

在这个时候，如果对那个人加以严厉的批评，会让说话的这个女性对你记恨在心。

女人的心，如果不从反面去解读，就无法得知她的真正心意。

男人、女人的本意——如何真正了解他（她）

——男性的本意是"要不要到房间里玩呢？"

"这次放假，要不要到我家来玩呢？也可以一起看看新买的光碟啊！"男性如此邀约。"如果只是一边喝咖啡、一边看光碟的话，去赴约也无妨。"女性这么想。

其实，这是男性所采用的策略。在看电视的途中，男性会渐渐靠近。如果这种举动真的遭到拒绝，男性就会认为"你到底怎么了"地发泄怒气。

男性的理论是这样的。如果约她时，告诉她"只要

看看光碟"的话，女孩应该就会轻易地说好才对。一旦邀约得到了应允，他就会在心里盘算着："这次应该可以轻而易举地和她接吻吧！接下来的话……"

这是一种叫做"伸脚而入"——将脚搁在门前，以防对方把门关起来，然后"坐下"，接着才"表明来意"的推销技巧。我们知道人一旦答应了一次，对接下来的请求，就不会再回绝了。最常被当做最初的请求来使用的一句话就是"咱们去喝杯咖啡吧！"

而就女方而言，如果能有一种"想要被邀约"的念头，那她就会答应你的这种邀约了。

然而，她却没有注意到一旦答应了一次，接下来的邀约就会变得难以回绝的这个道理。女人一旦上了船，要下船就有困难了……

——女性重复使用"NO"时的本意

"这样可以吗？"

"不行啦！"

"那，这样呢？"

"不行啦！"

"真伤脑筋，那，这么办好了！"

"不要啦！"

如果这样的对话继续下去，大部分的男性都会脑部充血，说出一时之间临时想到的对白。女人的"NO"，是要套出男人真心话时常用的手段，这样你应该清楚了吧！

苏联时代克里姆林宫的外交部长葛罗米柯，曾经因为在联合国会议中一直反对而有"反对先生"的称号。
"要对方说话，自己就会尽可能地一直反对下去！"
用这种方法把风险降至最低，这就是最原始的苏联式谈
判。

一旦说"NO"，对方就不得不再让你看看别的方
案。所以，如果一直重复说着"NO"，过不了多久就可
以知道对方的本意了。

读者必须要领会女性的"NO"并不是在表示反对，
而是为了要弄清楚自己是否会有所损失。

——飞奔而来说道："让你久等了吗？"的男性

"因为刚才正在和总经理开会，所以来迟了。"
这是某银行副理参加金融界人士集会迟到时，所说的借
口。

这是一个很高明的借口。若问道："为什么这是个
高明的借口呢？"那是因为他抬出了总经理的名讳，等

于告诉大家："我刚才和他见面，因为谈得十分起劲，以致聊过了头，你看我们之间是很亲密的。"

"刚才被课长叫住了，说没有我不行的话。和你约好的时间就要到了，课长却还不放人，结果就因为这样我才迟到了，不好意思！"

若是男性，他就想要准备类似这样的借口，这样说可以让对自己有所期待的人高兴，可以投其所好。

睡过头了、赶不上电车、一不留意坐过站了——这些借口如果是从优秀的男性口中说出来的话，反而是一种亲密的表现，但若是普通男人的话，就成了会让人看轻、让人讨厌的理由。

不过，想居主导地位、没有正当理由就让女人久等的那种男人，一定是自己认为"我是个受欢迎的男人"的那种狂妄自大的家伙。

——口头禅是——"让你久等了，不好意思"的女性

世界影星伊丽莎白·泰勒被称作"迟到大王"。

她在坎城影展的纪念酒会中也迟到了四十分钟之久。

"从小时候开始，我就对开会有恐惧感。因为我不知道外面会有什么在等着我。不过，我并不是故意迟到给大家添麻烦的。"她身体坐直正色地这么说着。

有些女性在约会的时候总是会说："迟到了，真是抱歉！"如此经常地让人等候，或是根本不说理由、不预先告知就让人等上一段时间。在其中，也有一些女人是以"让你久等了，抱歉！"为口头禅。

如果是因为让人久等而不得不说抱歉，一开始不要迟到不就好了。那种不排斥道歉的女人，也考虑到要向人道歉的这个情况，但她还是迟到了。

等人的人，他的地位会比让人等的人为低。这个叫做附属效果。所以，让人等候的女人，会觉得男人附属自己、自己居主导地位。

换句话说，这样的女人会有"就算让他等，也不会就此被甩"，或者"我有值得让人等候的魅力！"如此狂妄自大的想法。

——"好忙啊！好忙啊！"男人说这话时的心理

有"好忙啊！好忙啊！"这种口头禅的男人，是想要告诉他人——"自己很有能耐、因为总是被周边的人所期待，所以一直这样忙碌。"

然而，周边人们的看法是"他因为不会用人，一切都自己来，所以才会这么忙！"或者是"他因为没有办事能力，所以才总是觉得自己很忙。"

有能力的人很忙是理所当然的事。只有领干薪、等退休，属于挂名主管的老干部，才闲着没事干。

在她面前总是把"好忙好忙"挂在嘴边的男人,是因为不想让人认为自己没有能力,所以,他一直嚷着:"好忙啊!"让自己真正地像个大忙人。

我会想把急事托付给很忙的人。因为真正的大忙人,办事会十分有效率,事情也可以较早办成。

然而,若事情交付给成天喊忙的人,对方就会说:"我没空,不行!"然后再说,"真的没办法!"一副好像施予莫大恩惠似的接受下来。

一旦向这样的人开口托事,事情是不会有好结果的。

在她面前,一天到晚老是将"好忙啊!忙死人了!"挂在嘴上的男人,应该是不会有多大的出息吧!

——用匿名称呼自己的女性

小孩会自称是"小玲"、"小萍"等等之类。这只不过是因为周边大人都这么称呼自己,所以也就有样学样地这么叫罢了！

称呼自己为"小玲"、"小萍"的这个举止，小孩做来是十分可爱的，但一旦长大一点之后还这样，就会被认为没学会说话。所以，大部分的小孩在不知不觉中，就会渐渐地不再这样称呼自己了。

在年轻女孩之中，有一些人会用"小玲"、"小萍"称呼自己。

就算是在对男友撒娇、或是在一般会话中这样使用，都会让人觉得可爱。

身为大人却自称为"小玲、小萍"，这种现象是幼儿症候群的一种。当感觉男性不注意自己，或是感觉男性不觉得自己可爱的时候，女人就会产生这种退化的现象。

进步反向就是退化。所以，要引起男性注意的女性，难怪就会退回到小时候当自称"小玲"、"小萍"时，就会被周边大人关注的世界里。

——约人出来有话要说的男性心理

"因为有话想跟你谈谈，可不可以见个面呢？"

他约她在自己熟悉的店里碰个面。要想把对方女性约出来到自己熟悉场所（个人领域）的这种举动，是因为身处自己地盘，可借地缘之利壮胆的缘故。

职棒中就常有主场球队赢得比赛的例子。职业拳击等等的运动竞赛，也有相同的情形。人因为处于自己熟悉习惯的场所，而有了所谓的地利，所以自己的实力自然也就比较容易发挥出来。

有人分析过在大学学生宿舍中访问者（学生），和居住在该寝室内同学说话时的情形。从其中可以得知，当二人意见相投时，访问的这一方会较多话，而当意见分歧之时，居住在该寝室的同学，就会打断访问者的谈话。

一旦在他的地头上谈话，情势的发展就会依着他的步调进行。比方说，当意见互相对立的时候，因为他较容易掌握到主导权，所以"谈分手"就会显得对女方比较不利。

这个时候，女性如果"换个地方谈吧"这样若无其事地脱离他的势力范围，是项明智之举。在自己地头上有"地利"这个条件，就可以按自己的步调来走。

——"讨厌"就是"喜欢"

女人的"不要啦，不要啦！"就是要你继续、继续的暗示。

同样的，"最讨厌你了！"就是"好喜欢你"的证据。

当说出真心话会有所顾忌的时候，有些女人就会说反话。这是一种叫做"反向操作"的防卫策略（为了不让自己受伤，而预先采取防卫）。

例如，对一个看到脸都嫌讨厌的人，自己也会烦恼他讨厌自己。在这样的情况下，有人就会阿谀奉承、柔顺地讨好对方。相反的，也有人会对自己喜欢的人恶声恶语。

被他邀约的时候，一旦马上答应会让人觉得是个"轻浮的女人"，或是"不矜持的女人"。她一想到这里，就会想都不想地回答说："不！"

说"讨厌！"也是同一种心理。觉得说"喜欢你！"会感到十分难为情的女性，就会用撒娇的口吻，不假思索地说出"讨厌！"

——常把"好累啊！"挂在嘴边的男人

有男性的口头禅是："今天身体不太舒服！"或是"今天状况不佳"。

男性坚持认为状况不佳，就办不好事。

这是所谓"碍于自身状况"的一种现象。就是在预测到会失败的时候，预先怪罪于自己的状况不佳，或是在一开始时，就想要先为失败找借口的一种心理。

如果一开始就告诉大家有不利自己的条件因素存在，而后当失败了的时候，就不会被人烙下没用的印记。这就是为失败做防备的一种心理。

在性方面没有自信的男性，为了预防会被批评说："没用！"譬如在上床之前就会先说一声："我今天好累哦！"这种归咎自己状况不佳的话。

在重要约会的前一晚，也有男人会故意喝得酩酊大醉，然后"因为宿醉的缘故头好痛啊！真对不起！"这样地向女方说着推托之辞。因为害怕"自己可能被认为没用"，所以，他会想出这种自我情况不利的开脱之词。

　　——从"我……"中表露真相

有人在会话中会常常使用——"我是……"，或是"我的……"

不是特意要说"我"这个字、也不是为了要让人能马上了解在说谁，却使用"我"这个字的时候，就是想要凸显自己的一种表现。

"我想……"、"我认为……"这么说的女性，可以说她是想要凸显自己、依赖心强、个性不成熟的人。

然而，在分析多数推荐函时我们可以发现，要使推荐人有好感的人在书写推荐函的时候，会大量地使用"我"这个字。甚至，可以看到"我"这个字在文章中为数众多的情形。

为了明确地表示推荐人自己的想法，使用"我认为……"这种表现方式是可以理解的。因而，在不见自我凸显性质的"我……"这个字里，充满了此人的真诚。

"我"这个字的好坏，要看使用的方法如何。在会话中、在信旦，巧妙地运用"我"这个字，可以让内容更见说服力。但是，一旦过度地使用，反而会让人觉得是个不够成熟、不够凸显自我的人。

——女人的眼泪——哭着说话？

"一哭二闹三上吊"。可见哭是女人排名第一的武器！一般而言，男人对这种武器，是没什么招架能力的。

"女人在情势变得对自己不利的时候，为了欺骗男人，会流下虚假的眼泪。"这种例子是存在的。其实，大概有很多男性有被女人的眼泪耍弄了的经验吧！话虽如此，他们对可爱女子的眼泪，依旧产生不了恨意。

哭泣是诉诸感情常用的一种手段。用情感表达自己直接的、能让人接纳的、较为原始的、单纯的一种方法。它最容易在不经过理性查验的情况下，让人二话不说地接纳。

"这女人的眼泪说不定是假装的！"就算男性心里这么想，他也不会任由她去哭而放着不管。这就是情绪化反应的力量。

不过，话虽如此，如果哭泣的次数太过频繁的话就会变得没有效用。奉劝各位，不妨把眼泪看做最后撒手锏般地谨慎使用较生。

——"从前哪——"有这种口头禅的男性心理

"从前哪——"喜欢提当年勇的男人，他们的心理是有些复杂的，也可能是自卑感特别重的人。那么，我们把它分为两点来说明。

第一种心态就是，他不想拿自己现今的能力和他人做比较。

人会把和自己十分相似之人的言行举止拿来和自己做比较，借此尽可能正确地去得知自己的能力或是思想观念。这就叫做社会化的比较过程。

然而，对自己能力或是想法没有自信的男人，会害怕和他人比较。所以他抬出了不怕被拿自己的现在来比较的以前的事迹，来强调自己再怎样也曾经是个优秀的人。

第二个心态就是，他想借由夸耀昔日风光，来让现今的自己看起来比实际上更好、更优秀。

当此时此刻周边的人，不再对自己赞誉有加的时候，他就会用过去事迹的余晖来照耀自己的能力。

用此手段的男性靠听这些赞赏的话来让自己得到满足。他们可能不会想到她内心的想法——"又要开始说了……"——竟是这样的厌烦。

——喜欢大谈"恋爱经"的女人

年轻的女性谈论有关恋爱的话题，是最自然不过的了，不过说归说，最好不要把这些话太当真。

说着梦幻式恋情的女性可以说是一直生活在梦中，长不大的女人。大概这也是在不同场合下为了不让自己看清现实状况，才会继续说的梦话。

"仙履奇缘"中的灰姑娘，正为想去参加王妃选拔舞会而哭泣时，会使魔法的老婆婆现身帮助了她。最后也是因为王子的寻访而找到了她，因而得以成就美好良缘。

根据这个故事中所得名的"灰姑娘情结"，就是表达年轻女性"安于等候"，和下意识想依赖人的一个词汇。例如，它表示出了年轻女孩想要结婚、又想要过独立自主生活的两难心态。

并非谈论自身恋爱经验，而是一味说着心中理想恋爱是如何如何的女性，心中有把自己想成灰姑娘的这种错觉，一心一意地继续等待着为自己带来幸运的王子。

就如同大家把灰姑娘当成幸运的象征一般，这种机运对绝大多数的女性而言是无缘可遇的。

——讲话带"色彩"的男人

当医生告诉一个女子，她已经有身孕时，她立刻问医生说："大夫，生孩子时，我应该采取哪一种姿势呢？”

"就采取你跟他做爱时的姿势吧！"

"我的天哪！"她叫了起来，"大夫您是说，叫我坐在他朋友开的车子里面，把两腿伸出车窗外，在北投擎天岗一带兜两个小时吗？"讲话总是带有"色彩"的男性，对性有高度的兴趣。特别越是在性方面处于欲求不满状态下的男性，他对性的冲动就越是强烈。

当人有欲望却无法得到满足的时候，他会采取一些代替的行动。当性无法满足的时候，会采取手淫、说猥亵的下流言语、或是看裸体照片等等这些替代行为。借由这些，应该能够得到小小的满足感。

其中，有些年轻人会在女性面前说些带有"颜色"的话，装成一副大人的模样。这是男性因为性经验尚浅，对性这方面缺乏自信而采用的一种虚张声势的举动。

有玩笑或是幽默意味的黄色笑话，可以改变气氛。但是，如果表现得太过露骨，则只不过是欲求不满的一种宣泄罢了！

——针对唠叨的女人有没有特效药？

如果一直被女人这呀那的唠叨个没完，男人就会有这种想法——"反正就把要说的事跟我说明白不就得了。"然而，其实只要他好好地听她抱怨、念一念，也可以就此完事。

只爱说自己想说的话。唠叨、聒噪就是心理治疗中一种最基本的方法。它有个有趣的名字，叫做"聒噪疗法"。

1.在讲话讲不停的时候可以确定自己是否有任何问题存在（这叫做"洞察"）。在不同的场合中，可以去注意是否自己有何重要疑问。

2.借由说话可以让心情感到舒畅（这叫做"净化"）。一旦想说的话谈了出来，心里就会有——"已经没事了！'的这种感觉。

3.会对好好听自己讲话的对方心生好感。

换句话说，一旦阻止了对方的抱怨诉苦，要他说明事情重点就会变成火上浇油，如果满腹的不满燃烧起来，愤怒当然就会自然而然地升上来了。

即使讨厌，只要你好好地听她抱怨、让她说她想说的话，就是安抚她情绪的最好对策。

——避免谈论有关家人话题的男人

一旦约了几次会之后，就会自然而然地了解一些和他的家人，或是和他的工作有关的事。

连他每天到底是过着怎样的生活，也可以大致想象得到。这些都是彼此关系循序渐进的最好证据。

这么说是指"他买了好贵重的礼物给我"、"我们已经交往很久了"、"我们已经有肌肤之亲了"等等叙述，都不能作为衡量两人之间信赖关系的标准。

你对他的私下一面究竟了解有多少呢？有谈论过关

于他的家人、兄弟、收入、他自身等这类话题吗?

如果他闭口不谈这类话题,是因为他不想对你敞开心胸、坦白一切。

"结婚"这个词只不过是他为了吸引你注意、求得肉体关系的一种手段。

结了婚的男人,会有一种女性面前尽量避免谈到妻子儿女的心理。这也正是他想要发展男女关系的一种潜在现象。

相反的,拥有美满家庭或是好爸爸形象的男人,也会触发女忄生的母性本能。因此,一个男人若是属于模范父亲典型,他的温柔会吸引女性的关注和爱慕,对这一点,要特别地留心注意才好。

——逼人结婚的女人

"已经交往了五年的他,最近正在考虑转行,我向他提出结婚一事,他竟然态度冷淡地回答说:'现在不是结婚的时候！'他一点都不了解我想要结婚的心情。"曾经，我听到过这样的烦恼。

女性会特别注意适婚的年纪。这种情形好像和很多女性认为"自己的魅力就是年轻和身体姣好"的这种想法有关。

换句话说，我们可以了解到由于女人"若不趁年轻时赶快结婚的话，就会变得没有魅力了"的这种想法，造就了"适婚年龄"的这个名词。

所以，催促结婚的女性心理，其中应该包含了——"我除了年轻之外，就没什么可取之处了，因此，若不早些结婚……"的这种焦急。

有一个很有趣的名词叫做"老演员症候群"。年轻貌美的女演员拥有性感魅力，受到很多男性的讨好、奉承迎和。然而一旦迈入中年之后，理所当然这些魅力就衰退不再了。

一旦皱纹、白发或是其他老化的征兆出现以后，虽然靠化妆或美容整形来掩饰，也不过是在做无谓的战斗。就是因为这样，这样的女性中有人到了中年之后就罹患了酒精中毒等等精神病症。

有心理学家指出"一个相貌丑陋的女性，一直到中年之际，才会开始受到公正适当的评价。"

年轻的女性其外表的魅力或许可以吸引男性。但是一旦步入中年之后，会受到高度评价的女性，就不再是因为外貌，而是因为她自身所拥有的独特魅力。

然而，对着心里燃着"想独立自主、做自己的事"斗志的他而言，"结婚"这二字大概很难会出现在他的念头里。

不过，就算是这样的他，应该也会有考虑到想要有一个精神支柱吧！在这时候，"结婚"二字应该就会从他脑海中横越而过。

这时，他对女性的要求就不单是要有身体方面的魅力了，他会去考虑她成熟与否，用是否是一个"可以支持他的伙伴"的这种角度来加以考量。

最后有一点，那就是当你"在结婚和工作这二者，择其一吧！"如此逼迫她选择的时候，一旦她"结婚吧！"被说服，工作对她而言，就会变得比之前更有吸引力，这个就叫做"说服的反效果"。

"结婚、结婚……"这种大吵大闹的举动，反而会产生反效果。不如自己断了这个念头，好好地等待时机成熟要来得好些。

图书在版编目（CIP）数据

不可思议的男女读心术 / 麦加主编．
　-- 南昌：百花洲文艺出版社，2013.3
（心理实验室）
ISBN 978-7-5500-0536-5

Ⅰ．①不…　Ⅱ．①麦…　Ⅲ．①性别差异心理学－通俗读物　Ⅳ．①B844-49

中国版本图书馆CIP数据核字(2013)第043700号

本书由新潮社授权
江西省版权局著作权合同登记号：图字14-2013-147

不可思议的男女读心术

麦加　主编

出 版 人	姚雪雪
责任编辑	余　茳
特约编辑	周丽波
美术编辑	方　方
制　　作	何　丹
出版发行	百花洲文艺出版社
社　　址	南昌市阳明路310号
邮　　编	330008
经　　销	全国新华书店
印　　刷	江西新华印刷集团有限公司
开　　本	890mm×1240mm　1/32　　印张　8.5
版　　次	2013年6月第1版第1次印刷
字　　数	150千字
书　　号	ISBN 978-7-5500-0536-5
定　　价	23.00元

赣版权登字 05-2013-60

邮购联系　0791-86894736
网　　址　http://www.bhzwy.com
图书若有印装错误，影响阅读，可向承印厂联系调换。